城市 / 8

    城市的历史　　/ 10

        城市的形成　　/ 10

        城市的发展　　/ 14

        城市化现象　　/ 18

城市自然灾害 / 26

    地质灾害　　/ 29

        地震灾害　　/ 30

        地面变形灾害　　/ 31

        崩滑流灾害　　/ 32

        开挖工程灾害　　/ 33

        防治措施　　/ 34

目录

- 气象灾害　　/40
  - 洪涝灾害　　/40
  - 风沙尘暴灾害　/44
  - 城市热害　　/48
  - 雾害　　/50
  - 积雪灾害　　/52
  - 雹灾　　/53
  - 高温干旱灾害　/54
  - 防御措施　　/55
- 城市人为灾害　/58
  - 水体污染　　/60
  - 垃圾污染　　/61
  - 空气污染　　/63
  - 光污染　　/64
  - 传染病　　/72
  - 交通事故　　/73
  - 火灾　　/74

　　　火灾类型　　　　　　　/75
　　　等级划分　　　　　　　/76
逃生自救 /78
　　火灾逃生自救基本技能　　/78
　　　高楼失火逃生小常识　　/86
　　　地下商场火灾逃生七则　/89
　　地震逃生方法　　　　　　/90
　　　地震宏观前兆现象　　　/90
　　　学校避震安全提示　　　/93
　　　家庭避震安全提示　　　/93

目录

公共场所避震安全提示　　/94

地震中的自救互救　　/95

交通事故　　/98

行车途中失火的处理方法　　/101

交通事故撞伤急救四招　　/103

中毒急救　　/104

煤气中毒　　/105

化学灼伤、创伤、中毒急救　　/108

突发食物中毒、中暑事故　　/110

蘑菇中毒　　/114

触电急救　　/116

防踩踏常识　　/122

公共场所发生人群拥挤踩踏事件如何预防　/124

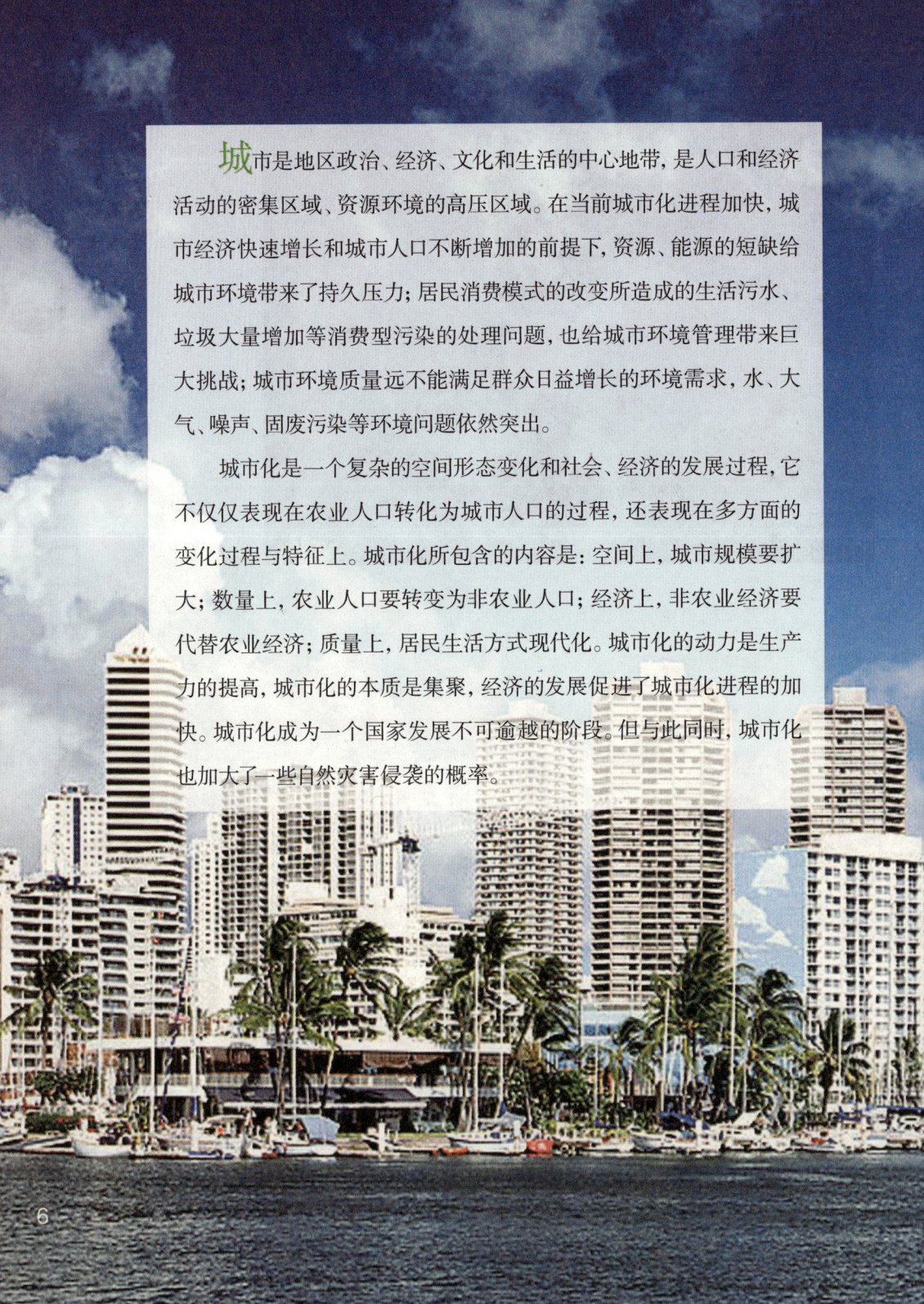

城市是地区政治、经济、文化和生活的中心地带，是人口和经济活动的密集区域、资源环境的高压区域。在当前城市化进程加快，城市经济快速增长和城市人口不断增加的前提下，资源、能源的短缺给城市环境带来了持久压力；居民消费模式的改变所造成的生活污水、垃圾大量增加等消费型污染的处理问题，也给城市环境管理带来巨大挑战；城市环境质量远不能满足群众日益增长的环境需求，水、大气、噪声、固废污染等环境问题依然突出。

城市化是一个复杂的空间形态变化和社会、经济的发展过程，它不仅仅表现在农业人口转化为城市人口的过程，还表现在多方面的变化过程与特征上。城市化所包含的内容是：空间上，城市规模要扩大；数量上，农业人口要转变为非农业人口；经济上，非农业经济要代替农业经济；质量上，居民生活方式现代化。城市化的动力是生产力的提高，城市化的本质是集聚，经济的发展促进了城市化进程的加快。城市化成为一个国家发展不可逾越的阶段。但与此同时，城市化也加大了一些自然灾害侵袭的概率。

从遥远的"城"与"郭"到现在的巨型城市,城市逐渐取代村落成为人们生活的区域。而在此过程中,城市的自然灾害与人为灾害不可避免地成为了人们生活的威胁,在无法抵抗的自然灾害面前,在越来越多的人为灾害面前,人类的生存能力,逃生自救的意识变得尤为重要。人类如何在城市灾害的夹缝中求得生存,现在请跟随我们的脚步一起走进本书,去一探究竟。

● 城市

城市是以非农业产业和非农业人口集聚形成的较大居民点（包括按国家行政建制设立的市、镇）。一般而言，人口较稠密的地区称为城市，包括了住宅区、工业区和商业区并且具备行政管辖功能。城市的行政管辖功能可能涉及较其本身更广泛的区域，其中有居民区、街道、医院、学校、写字楼、商业卖场、广场、公园等公共设施。

城市安全手册

城市的历史 >

• 城市的形成

城市的出现，是人类走向成熟和文明的标志，也是人类群居生活的高级形式。城市的起源从根本上来说，有因"城"而"市"和因"市"而"城"两种类型。因"城"而"市"就是城市的形成先有城后有市，市是在城的基础上发展起来的，这种类型的城市多见于战略要地和边疆城市，如天津起源于天津卫；而因"市"而"城"则是由于市的发展而形成的城市，即先有市场后有城市的形成，这类城市比较多见，是人类经济发展到一定阶段的产物，本质上是人类的交易中心和聚集中心。城市的形成，无论多么复杂，都不外乎这两种形式。

早期，人类居无定所。随遇而栖，三五成群，渔猎而食。但是，在对付个体庞大的凶猛的动物时，三五个人的力量显得单薄，只有联合其他群体，才能获得胜利。随着群体的力量强大，收获也就丰富起来，抓获的猎物不便携带，找地方贮藏起来，久而久之便在那地方定居下来。大凡人类选择定居的地方，都是些水草丰美、动物繁盛的处所。定居下来的先民，为了抵御野兽的侵扰，便在驻地周围扎上篱笆，

形成了早期的村落。随着人口的繁盛,村落规模也不断地扩大,猎杀一只动物,整个村落的人倾巢出动显得有些多了,且不便分配,于是,村落内部便分化出若干个群体,各自为战,猎物在群体内分配。由于群体的划分是随意进行的,那些老弱病残的群体常常抓获不到动物,只好依附在力量强壮的群体周围,获得一些食物。而收获丰盈的群体,不仅消费不完猎物,还可以把多余的猎物拿来,与其他群体换取自己没有的东西,于是,早期的"城市"便形成了。《世本·作篇》记载:颛顼时"祝融作市"。颜师古注曰:"古未有市,若朝聚井汲,便将货物于井边货卖,曰市井。"这便是"市井"的来历。与此同时,在另一些地方,生活着同样的村落,村落之间常常为了一只猎物发生械斗。于是,各村落为了防备其他村落的侵袭,便在篱笆的基础上筑起城墙。《吴越春秋》一书有这样的记载:"筑城以卫君,造郭以卫民。"城以墙为界,有内城、外城的区别。内城叫城,外城叫郭。内城里住着皇帝高官,外城里住着平民百姓。这里所说的君,在早期应该是猎物和收获很丰富的群体,而民则是收获贫乏、难以养活自己,依附在收获丰盈的群体周围的群体了。人类最早

城市安全手册

的城市其实具有"国"的意味，这恐怕是人类城市的形成及演变的大致过程。学术界关于城市的起源有三种说法：一是防御说，即建城郭的目的是为了不受外敌侵犯；二是集市说，认为随着社会生产发展，人们手里有了多余的农产品、畜产品，需要有个集市进行交换。进行交换的地方逐渐固定了，聚集的人多了，就有了市，后来就建起了城；三是社会分工说，认为随着社会生产力不断发展，一个民族内部出现了一部分人专门从事手工业、商业，一部分专门从事农业。从事手工业、商业的人需要有个地方集中起来，进行生产、交换。所以，才有了城市的产生和发展。

城市是人类文明的主要组成部分，城市也是伴随人类文明与进步发展起来的。农耕时代，人类开始定居；伴随工商业的发展，城市崛起和城市文明开始传播。其实在农耕时代，城市就出现了，但作用是军事防御和举行祭祀仪式，并不具有生产功能，只是个消费中心。那时城市的规模很小，因为周围的农村提供的余粮不多。每个城市和它控制的农村，构成一个小单位，相对封闭，自给自足。学者们普遍认为，真正意义上的城市是工商业发展的产物。如13世纪的地中海沿岸、米兰、威尼斯、巴黎等，都是重要的商业和贸易中心；其中威尼斯在繁盛时期，人口超过20万。工业革命之后，城市化进程大大加快了，由于农民不断涌向新的工业中心，城市获得了前所未有的发展。到第一次世界大战前夕，英国、美国、德国、法国等国绝大多数人口都已生活在城市。这不仅是富足的标志，而且是文明的象征。

随着城市的林立而起，其象征力便没了以往的深刻而吸引人，这似乎也暗合了"道"，也许城市与乡村本就无本质上的区别，正像是人的安居乐业与勤奋工作一样，顺其自然（生产力的发展）而交替着自身的位置。

威尼斯

> ## "城市"的中国名词概说

城：都邑四周的城垣，具有防御功能；
郭：城若分为两重，里面叫城，外叫郭，单用时多包含城与郭；
都邑：凡邑有宗庙有先君之主曰都，无曰邑，都曰城；
都：有先君之旧宗庙；
邑：古代人聚居地方，尤指古代无先君宗庙之城；
市：交易买卖的场所；
注意：西周文献中最早出现"城市"一词，却是两个独立含义，不应连缀。

- **城市的发展**

  农业经济时代,生产力水平低下,城市发展非常缓慢,重要的城市均为具有政治统治作用的都城、州府等。

  18世纪后,工业化进程促进了生产力水平的提高,加快了城市的发展。由于城市产生与发展的基本动力——社会生产力的发展,城市的提法本身就包含了两方面的含义:"城"为行政地域的概念,即人口的集聚地;"市"为商业的概念,即商品交换的场所。

而最原始的"城市"(实际应为我们现存的"城镇")就是因商品交换集聚人群后而形成的。而城市的出现,也同商业的变革有着直接的渊源关系。最初城市中的工业集聚,也是为了使商品交换变得更为容易(可就地加工、就地销售)而形成的。在城市中直接加工销售相对于将已加工好的商品拿到城市中来交换而言,则正是一种随着工业城市的出现而产生的一种商业变革。城市包括城市规模、城市功能、城市布局和城市交通,而这几方面所发生的变化,都必然地会对城市的商业活动带来影响,促使其发生相应的变革。城市经济学对城市作了不同能级的分类,如小城市、中等城市、大城市、国际化大都市、世界城市等,对城市能级分类的一个标准是人口的规模,中国根据市区非农业人口的数量把城市分为四等:人口少于20万的为小城市,20万至50万人口的为中等城市,50万人口以上的为大城市,其中又把人口达100万以上的大城市称为特大型城市。

按城市综合经济实力和世界城市发展的历史来看，城市分为集市型、功能型、综合性、城市群等类别，这些类别也是城市发展的各个阶段。任何城市都必须经过集市型阶段。

集市型城市：属于周边农民或手工业者商品交换的集聚地，商业主要由交易市场、商店和旅馆、饭店等配套服务设施所构成。处于集市型阶段的城市在中国主要有集镇。

功能型城市：通过自然资源的开发和优势产业的集中，开始发展其特有的工业产业，从而使城市具有特定的功能。不仅是商品的交换地，同时也是商品的生产地。但城市因产业分工而形成的功能单调，对其他地区和城市经济交流的依赖增强，商业开始由封闭型的城内交易为主转为开放性的城际交易为主，批发贸易业有了很大的发展。这类型城市主要有工业重镇、旅游城市等。

综合型城市：一些地理位置优越和产业优势明显的城市经济功能趋于综合型，金融、贸易、服务、文化、娱乐等功能得到发展，城市的集聚力日益增强，从而使城市的经济能级大大提高，成为区域性、全国性甚至国际性的经济中心和贸易中心（"大都市"）。商业由单纯的商品交易向综合服务发展，商业活动也扩展延伸为促进商品流通和满足交易需求的一切活动。这类城市在中国比较典型的有直辖市、省会城市。

城市群（或都市圈）：城市的经济功能已不再是在一个孤立的城市体现，而是由以一个中心城市为核心，同与其保持着密切经济联系的一系列中小城市共同组成的城市群来体现了。如美国大西洋沿岸的波士华城市带，日本的东京、大阪、名古屋三大城市圈，英国的伦敦－利物浦城市带等。上海所在的长江三角洲地区实际上也正在形成一个经济关系密切的城市群，其整体的经济功能已在日益凸现。

城市安全手册

• 城市化现象

　　也有学者称之为城镇化、都市化，是由农业为主的传统乡村社会向以工业和服务业为主的现代城市社会逐渐转变的历史过程，具体包括人口职业的转变、产业结构的转变、土地及地域空间的变化。不同的学科从不同的角度对之有不同的解释，就目前来说，国内外学者对城市化的概念分别从人口学、地理学、社会学、经济学等角度予以了阐述。2011年12月，中国社会蓝皮书发布，我国城镇人口占总人口的比重首次超过50%，标志着我国城市化率首次突破50%。

正常的广义城市化进程都会经历从城市化、郊区城市化、逆城市化、再城市化的过程，但是本质上讨论的城市化是不包括逆城市化的。而这一过程不足以解决人类可持续发展的问题，需在世界范围内进行二次城市化解决。

城市化：一般指人口向城市地区集聚的过程和乡村地区转变为城市地区的过程。

二次城市化：在世界范围内，已高度城市化的国家和地区，在世界范围内的人口流动进行再次城市化，形成世界新的经济、社会可持续中心，为二次城市化，所形成的城市即为新的世界中心。

二次城市化特征：

1. 针对世界范围，第一次城市化历史遗留的单一工业化经济及远距离物流交换模式形成的通胀危机，利用会产能源城市杜绝通胀危机而形成的新的无通胀危机的城市，是其第一特征。

2. 针对世界范围，第一次城市化历史遗留的单纯以经济利益为前提，缺少城市可持续发展理念而形成的能源危机，利用会产能源城市杜绝能源危机而形成的新的无能源危机的城市，是其第二特征。

城市安全手册

3. 针对世界范围，第一次城市化历史遗留的掠夺与人类共生的生物质资源，超出了人类的预期，城市随经济利益的驱使而无限扩大，掠夺了大量的可生产粮食的土地资源，使粮食形成了新的危机，会产能源城市杜绝通胀危机、能源危机，同时消除了粮食危机而形成的无粮食危机的城市为其第三特征。

4. 针对世界范围，第一次城市化历史遗留的单纯以经济利益为目的，牺牲了人类生存的质量使养老和就业发生危机，会产能源城市中的碳熵农事很好地解决了就业和养老问题而形成无养老就业危机的城市为其第四特征。

5. 针对世界范围，第一次城市化历史遗留的燃烧化石能源形成的单一工业经济而形成的人类无法生存的气候危机，会产能源城市的碳熵能源很好地解决了气候危害而形成无气候危机的城市为其第五特征。

6. 针对世界范围，第一次城市化历史遗留的对水的无限制使用而形成的无水危机，会产能源城市的碳熵少用100倍的水资源解决其水消费而引起的水资源危机而形成的无水资源危机的城市为其第六特征。

针对上述第一次城市化的历史遗留而形成的多项危机，联合国碳熵行动纲领是世界二次城市化的纲领指南。

郊区城市化：人口的主要流向是城市中上阶层人口移居市郊或外围地带，这就是郊区城市化。

逆城市化：20世纪70年代以来，发达国家以及一些大城市中心市区郊区人口向外迁移，迁向离城市更远的农村和小城镇，出现了与城市化相反的人口流动的现象。逆城市化也称城市中心空洞化。逆城市化不是城市化的衰败，而是城市化扩展的一种新形式，它建立在城乡差别近于消失、形成一体化的基础上，乡村、小城镇的交通、水、电、信息等设施完善，再加上优美的自然风光，吸引了久在城市中面对混浊空气、噪声的大城市居民到乡村、城镇暂住、定居，从而导致逆城市化现象，如美国、西欧的一些发达国家，逆城市化现象明显。

具体表现在大城市中心区萎缩，中小城镇迅速发展；乡村人口数量增多，城市人口向乡村居民点和小城镇回流。

城市安全手册

中国城市名称由来

1. 以城市专名命名：以邑偏旁，邺、邯郸；双化名，林州、鄂州；相近/同音字，彬（邠）福（郙）眉（郿）；取自古代的城/郭，杞、夏、虞、项、毫、滕、薛、费。注意：专名一般指城市/国都，随着城市发展以后城市名逐渐特指单名转化为具有一定含义的名称。

2. 以地理特点命名（与山川关系）：阴阳之名，山南水北为阳，反之阴；因水命名，洛阳、河阳、汉阳、江阴、淮阴；因山命名，衡阳、贵阳、山阳；因山与水命名，咸阳（九岳之南，渭水之北，山水俱阳）；因城市与山川的方位关系命名，淮南、济南、渭南、辽东；依五行理论，春夏秋冬表示方位，江夏指长江夏水，夏水指汉水；以城市地理特征命名，河间、临汾、汉中、陇西；以附近的地理实体和地理特征命名，昆山、巢湖、桂林；与已有城市的关系命名，以示区别，多以方位加以修饰，南通、下关；以长城和关卡有关，山海关、嘉峪关、张家口。

3. 反映意愿城市名：依一定具体意义，长安、无为；祈求免于水灾，对边地或少数民族统治愿望，宁夏、南宁、康定；显示皇帝的武功、军威的城市，武威、张掖（断匈奴之臂，张中国之掖）。

北京

贵阳

4.以行政区命名城市：中国古代行政区划；县、辖县政区（郡、府、唐以后的州）和高级政区；作为辖县政区划分单位：郡、州、府；辖县政区驻地城市升级为都、京；少数民族政区的都城；京都成为特定城市名称：南京、北京。

5.以典故命名：重庆，双重喜庆；酒泉，霍去病所御赐酒倾于酒泉与将士共饮；余杭，秦始皇从此渡口；武昌，因武而昌。

6.组合城市之名（多个分散且相对集中的组合城市，当成为一个城市，往往取原有城市一个字）：大同的阳高，阳和卫、

城市安全手册

高和卫、大同的左云、大同的右云；贵州的六盘水，六枝、盘县、水城；武汉，武昌、汉阳、汉口；淄博，齐国古都，临淄，与博山、张庙、周树。

7. 汉译少数民族城市：在边疆、少数民族或古代原为少数民族的聚居地，常用汉译、音译、意译。音译最多，呼和浩特（红色城市）、哈密（太阳升起的地方）；音译采用谐音，牡丹江（弯曲的河流），牡丹为满语汉字谐音；意译较少，云南建水原名惠历，意为大海，取名建水。

8. 与帝王有关：某朝代年名，绍兴（南宋高宗年号）、景德镇（宋真宗景德年在瓷器上印制）。以帝王陵寝命名（长陵、安陵、阳陵、茂陵、平陵、武陵）。

9. 以村镇命名：早先是个镇或村庄，如石家庄；蚌埠，淮河边上的渔村；淄博，齐国故都。

10. 一城多名与一名多城（不同时代/建制/级别）。

　　一城多名：南京最多，金陵、建康、建邺、江宁、集庆；开封，大梁、汴州、汴梁、东京。

　　一名多城（重名）：古代最多，宁海，浙江宁海市、山东宁海镇；简称/雅称，广州五羊城、昆明春城、济南泉城。

宁海市

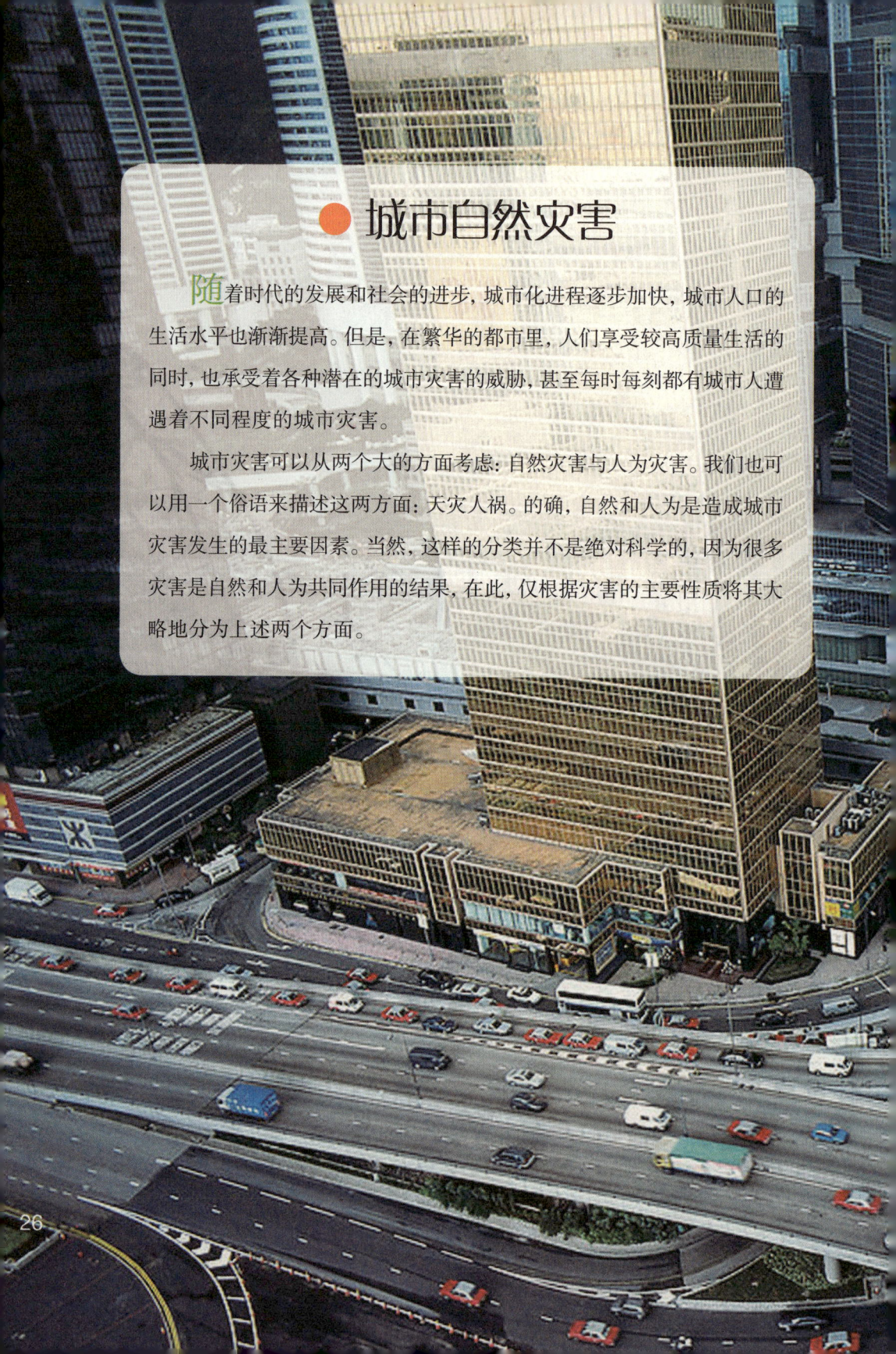

● 城市自然灾害

随着时代的发展和社会的进步,城市化进程逐步加快,城市人口的生活水平也渐渐提高。但是,在繁华的都市里,人们享受较高质量生活的同时,也承受着各种潜在的城市灾害的威胁,甚至每时每刻都有城市人遭遇着不同程度的城市灾害。

城市灾害可以从两个大的方面考虑:自然灾害与人为灾害。我们也可以用一个俗语来描述这两方面:天灾人祸。的确,自然和人为是造成城市灾害发生的最主要因素。当然,这样的分类并不是绝对科学的,因为很多灾害是自然和人为共同作用的结果,在此,仅根据灾害的主要性质将其大略地分为上述两个方面。

　　自然灾害是指由于自然异常变化造成的人员伤亡、财产损失、社会失稳、资源破坏等现象或一系列事件。自然灾害孕育于由大气圈、岩石圈、水圈、生物圈共同组成的地球表层环境中。自然灾害是地理环境演化过程中的异常事件,但却成为人类社会发展的最重要的自然因素之一。

　　人类很难完全改造岩石圈、大气圈和水圈等环境,但可以对地面状况施加影响进而改造局部地区的环境。人类进行生态环境建设,使生态系统良性循环,可以增加环境的稳定性。相反,人类超强度地开发利用自然资源、破坏生态环境,造成环境恶化,致使环境更不稳定,导致多种自然灾害频发。随着人类历史的发展,人类活动范围的扩大,影响人类的灾害种类不断增多,影响范围也在扩大。由于不同时期社会经济活动和发展水平不同,所以自然灾害的成灾特点和损失情况也不尽相同。

海啸

火山爆发

地质灾害 >

地质灾害是地壳动力地质作用及岩石圈表层在大气圈、水圈、生物圈相互作用和影响下,使城市的生态环境和人类生命、财产遭受损失的现象。地质灾害中有地震、崩滑流、地面变形、开挖工程灾害、水土流失、风沙尘暴、海平面上升等多种灾害。

全球的地震带分布为:环太平洋地震带、欧亚地震带、海岭地震带。我国地处环太平洋地震带与地中海—喜马拉雅山地震带之间,是地震灾害发生频繁的国家之一。地震具有突发性、区域性、多重复杂性及连续性的特点,还伴随着山崩地陷、诱发火山爆发、海啸、泥石流以及导致火灾、爆炸、疾病等二次灾害,进而使工厂停产、停工等,造成三次灾害。

城市安全手册

• 地震灾害

地震是城市面临的第一大地质灾害，地震活动是当今地质应力作用中对自然地貌形态和城市地貌改造与破坏的一种最强烈作用。我国地震活动的特点是：分布广、频率高、强度大、震源浅、危害大。我国人口在100万以上的大城市，70%位于地震裂度大于7度的地区内。我国是一个多地震的国家，8级以上的地震平均每10年1次，7级以上的地震平均每年1次，而5级以上的地震平均每年有14次之多。我国地震活动强烈的地区，多分布在地壳不稳定的大陆板块和大洋板块接触带及板块断裂破碎带上，从地区分布上看主要是东南部的台湾和福建沿海；华北太行山沿线和京津唐地区；西南青藏高原及其边缘的四川、云南省西部；西北的新疆、甘肃和宁夏。有资料记载以来，我国最大地震为8.5级，山东、西藏、宁夏各发生1次。一般情况下，地震中直接受地震波冲击而伤亡的人数在地震伤亡总人数中所占的比例并不高。更多的灾害是由于地震诱发的次生灾害造成的。这些次生灾害主要有：山体滑坡、水库溃坝、电力线路短路、煤气或供排水管道泄漏、火灾、瘟疫等。特别是当这些灾害中的几种同时发生时，情况更加复杂。

- 地面变形灾害

　　地面变形灾害包括地面沉降、地面塌陷和地面裂缝，广泛分布于城镇、矿区、铁路沿线。中国目前发生地面沉降活动的城市达 70 余个，明显成灾的有 30 余个，最大沉降量已达 2.73m，这些沉降城市有的孤立存在，有的密集成群或连续相连，形成广阔地面沉降区域或沉降带，目前沉降带有 6 条：沈阳—营口；天津—沧州—德州—滨州—东营—潍坊；徐州—商丘—开封—郑州；上海—无锡—常州—镇江；太原—候马—运城—西安；宜兰—台北—台中—云林—嘉义—屏东。严重的地区沉降还会引起次生灾害，如天津市地面标高降低，导致海水上岸，加重沼泽化、盐渍化，海河泄洪能力降低，市区有被淹没的危险。

城市安全手册

- 崩滑流灾害

指崩塌、滑坡、泥石流灾害。崩塌、滑坡及泥石流灾害又称为物质运动灾害。此类灾害是世界上对城市危害比较严重的地质灾害之一。城市崩滑流灾害的危害主要包括导致人员伤亡、破坏城镇的各种工程设施、破坏土地资源和生态环境等。我国城市中尤其是中西部地区城市大部分处于崩滑流灾的包围之中。丘陵山区的城市一般随坡度不同的地势而建，特别是一些特殊产业的城市，坡度更大，暴雨时极易发生崩滑流灾害。崩塌是斜坡上的碎屑、土体和岩体，在重力作用下快速向下坡的移动，它的运动速度很快，一般为 5~200m/s，有时可以达到自由落体的速度，发生的条件主要受地形、地质、气候、地震、人工开挖边坡等因素的影响。当城市岩层节理、裂隙比较发育时，由于长期水化作用、流水作用，加上城市强烈人为活动，开挖山坡、城市施工、工业与生活用水的大量下渗等原因，造成地质条件改变，破坏了原来坡体的稳定性或古滑坡的平衡，从而产生新的滑坡。泥石流是我国山区城市众多自然灾害中有突发性灾害过程的主要灾种，我国23个省、市（自治区）都有泥石流发生，每年造成几亿元的经济损失和几百人至上千人的伤亡。

- 开挖工程灾害

　　我国工矿企业的发展与建设，促进了国民经济的发展，同时在工程建设过程中产生了一大批城市，这些城市一般地处山区，地形复杂，在这些城市周围矿产资源开发和隧道等工程建设中，经常发生突水、突泥、冲击地压、冒顶、煤瓦斯突出、煤层自燃、井巷热害、矿震等灾害，由此造成人员伤亡，设备和工程毁坏、资源枯竭。初步统计，1949-1990年共有600个矿区或矿井发生突发性矿井灾害事件3万余次，造成人员伤亡1.4万余次。新中国成立以来矿井突水事故1300次，造成重大损失95次。

- **防治措施**

　　对城市地质灾害的防治既是经济问题又是社会问题，关系到经济发展和社会稳定。城市人口密集、工厂林立，是一个地区经济、政治、文化的心脏，同时也是地质灾害频发区和重灾区，在同样强度下，损失明显高于非城市地区。另外，城市地质灾害伴随着次生灾害、人为灾害，又叠加形成二次、三次灾害，将会造成更大损失。因此，采取有力措施，防治城市地质灾害是一项迫在眉睫的工作。

　　1. 加强对城市地质灾害的综合研究。城市地质灾害的防治是一个复杂的系统工程，它包括政府部门管理职能、抗灾救灾预案的制定、城市地质灾害的评估、人员素质的提高、减灾措施论证、城市最佳位置的选择、灾害应急反应计划等方面，要从自然性与社会性更广泛的内容上去研究。因此，应加强对城市地质灾害链、灾害群、灾害机理、灾害区划、灾害评估及灾害预警系统的综合研究。建立城市地质灾害信息系统，为国家、地区和部门减灾提供综合灾害信息，组织多部门多学科开展灾害的系统科学研究，共同协作攻关，解决城市地质灾害的共同难点。

　　2. 加大城市地质灾害防治的投入。加强防灾工程建设，开展包括城市绿化、水土流失治理、防滑、防泥石流和入海口防潮工程，病库、危坝的加固工程，防洪、防震等城市防灾工程，以及小流域治理。

城市安全手册

同时还要采取综合措施，加强水资源管理。治理"三废"污染，推行垃圾无公害处理，加大垃圾袋装推广的力度，加快完善排水网络，建设城市污水处理厂，发展城市煤气化和集中供热，改进道路交通建设、垃圾变废为宝（如发电、炼油、加工有机肥等）处理装置，不断提高城市防灾保护能力。

3. 减灾与发展并重。推动各部门、地区制定与经济建设同步发展的减灾计划，进行城市地质灾害的综合评价，提出切合实际的因灾设防，因地减灾，同域和异域协同减灾途径和措施，根据城市地质灾害评价结果，在制定和实施区域社会经济发展时，能有预见性地避开灾害危险区，避免不必要的损失和人员伤亡，实现国民经济发展与城市地质灾害防治的协调发展。

4. 制定科学的、切合中国国情的减灾措施。研究分析清楚城市地质灾害的种类、成因、发展规律、危害程度、成灾区位，因地制宜地采用中、长期预报与短期预报相结合，减灾措施与主攻大灾相结合；对症下药，充实城市地质灾害研究力量，尽快制定"跨世纪城市减灾计划"，把一切可避免的城市地质灾害消灭在萌芽状态，对于可能发生但未发生的灾害，做好预报工作，对不易预见的灾害，则要宣传防护知识，加强预期综合研究，防患于未然。

5. 开展国际交流和合作。城市地质灾害是国家社会普遍关注的重大问题,防灾救灾与发展经济关系到人类的前途和命运,影响着世界每一个城市,每一个民族。解决城市地质灾害问题,必须要开展广泛和有效的国际合作,通过共同研究,相互学习,提高我国城市地质灾害的防治水平。我国在抗灾工作中参加一些国际会议和国际组织,但国际合作的步伐仍然很慢,有效的合作项目不多,有些项目常常着眼于资金的引进,忽视了技术的引进和人才的培训。为此,应计划邀请国外著名城市地质灾害专家来华讲学,进行技术交流,有针对性地派有关人员出国培养,学习国外的先进经验。

城市安全手册

▶ 雾都伦敦

英国伦敦市区因常常充满着潮湿的雾气，因此也被称为"雾都"。20世纪初，伦敦人大部分使用煤作为家用燃料，产生大量烟雾。这些烟雾再加上伦敦气候，造成了伦敦"远近驰名"的烟霞，英语称为伦敦雾。因此，英语有时会把伦敦称作"大烟"，伦敦由此得名"雾都"。1952年12月5日至9日期间，伦敦烟雾事件令4000人死亡，政府因而于1956年推行了《空气清净法案》，于伦敦部分地区禁止使用产生浓烟的燃料。上世纪80年代以来，由于英国政府采取了一系列措施，加强环境保护，伦敦的空气质量已经得到明显改观。

1952年伦敦烟雾事件的直接原因是燃煤产生的二氧化硫和粉尘污染，间接原因是开始于12月4日的逆温层所造成的大气污染物蓄积。燃煤产生的粉尘表面会大量吸附水，成为形成烟雾的凝聚核，这样便形成了浓雾。另外燃煤粉尘中含有三氧化二铁成分，可以催化另一种来自燃煤的污染物二氧化硫氧化生成三氧化硫，进而与吸附在粉尘表面的水化合生成硫酸雾滴。这些硫酸雾滴吸入呼吸系统后会产生强烈的刺激作用，使体弱者发病甚至死亡。

CHENG SHI AN QUAN SHOU CE

城市安全手册

气象灾害

城市气象灾害是指城市的特殊天气气候条件对工农业生产、人民生命财产、生活环境造成危害的灾害现象。随着国民经济的发展，城市不断地新建和扩建，城市人口的不断增加，使城市环境与气候发生了很大变化，使得城市气象灾害的发生和影响表现出新的特点，其主要特征是由于城市人口集中、财产密集，一旦发生气象灾害，其受灾的经济损失相对较大；城市更易发生与气象灾害有关的次生灾害（火灾、空气污染及传染病流行等）；城市的一些公共设施有可能成为新灾源。

• 洪涝灾害

我国目前正处于工业化和城市化高速发展时期，城市在发展的同时深刻地改变了当地的自然环境，增加了洪涝灾害发生的频率，而由于城市人口、产业高度聚集，城市洪涝灾害损失也以前所未有的速度增长，每年由洪涝造成的经济损失已占国民经济总产值的 3.5% 左右。传统的城市洪涝依赖于城市排水系统"排干疏尽"，但是面对城市化的不断扩张，不断加快的城市化规模总是领先于城市排水能力的更新，形成"城市扩建—排水管网延伸—强排—再扩建—再延伸—再强排"的怪圈。

面对不断增加的排水管网长度和直径,面对人们对排水管网落后的责难,现有的城市排水模式本身能维持多久才是真正值得探究的。城市化进程对雨水天然通道的阻隔、破坏才是城市水患的根源,标本兼治的出路只有一条,就是在城市发展的同时尽可能地修复被城市化破坏的城市雨水的天然通道,使城市雨水按天然通道回归自然。

城市化引起局部气候变化,暴雨增加。城市热岛效应使得城市空气结层不稳定,容易形成对流云和对流降水,同时大量的城市建筑加大了地表粗糙度,阻碍了降水系统的移动,延长了降雨时间,增大了降雨强度。此外,城市排放的大量污染物也成为降雨的催化剂,城区容易形成高强度暴雨。城市化引起的高强度暴雨是造成洪涝灾害的主要气候原因。

雨水水文循环过程受到破坏。天然地表具有良好的透水性,雨水降落后,植物截留、蒸发、填洼、下渗、地表径流都按照一定的比例循环运动。都市化前,天然流域的蒸发量占降水量的40%,入渗地下水量占50%,地表径流为10%。城市化后,人类活动的影响改变城市地区雨水的水文循环过程,使城市的汇流出现以下特点:1. 地表径流量增加,径流系数增大;2. 汇流时间缩短,峰量增高,峰值出现时间提前。城市区域内不透水面积的增加,植被的稀少,降水的下渗量,蒸发量的减少,增加了有效雨量,使得地表径流量增加,径路系数增大。值得注意的是,地面硬化给城市水文循环带来的问题不仅仅是径流量的增大,与天然的下垫层相比,硬质化后的人工下垫层的粗糙率要小得多（混凝土水管、混凝土路面、砾石面、人工草地、杂草地等不同地表类型的绝对粗糙度分别为 0.5、1.0、5.0、20.0、50.0 毫米）。

为了迅速排走雨水，追求雨水管道网的扩张，更加速了雨水的集流速度，促进高峰流量在短时间内形成，对低洼地造成了更大的压力。

不合理的土地利用使城市滞水空间被占用，城市规划、土地管理部门长期以来重视土地的经济效益，而忽视其生态功能，为了追求经济利益，城市建设用地不断挤占河道、池塘、水田等湿地，市区内的水塘、小溪等天然水体几乎被填埋殆尽。河道被占、流通不畅已经成为多数城市水系的通病。起滞洪作用的河流、湖泊、渠道、库塘等大量滞水空间消失使得过水面积大大缩减，入河径流量增加，也使河道洪峰汇流时间缩短，随同地表的硬质化一起，加剧了水涝灾害的频繁发生。

地下水超采和采煤造成了严重的地面下沉，地表水源不足导致地下水成为重要水源，地下水下降造成大范围的地面沉降。地下水的过度开采及叠加大量的矿井涌水和采煤塌陷区使得城市低洼地段不断扩大，共同破坏了地下水的水循环路径，扰乱了城市地区的水循环过程，降低了城市排水管网的防洪设施功能，反过来又加剧了水涝灾害的严重性。

• 修复措施

1. 雨污分流，减轻城市排水管网的压力。统计表明，雨水在城市公共污水排放中的比例可以达到30%，甚至更高。这不仅造成了水资源的浪费，同时也在无形中加大了排水管网的建设成本和污水处理的成本。国内外的实践经验表明，只要措施得当，这部分本应回归自然的雨水完全应该而且可以经过雨污分流走上回归之路。

2. 蓄排兼顾，量化雨水的回归指标。"蓄排兼顾"就是要根据流域的自然水文循环规律，在雨水的排、蓄之间找到一个平衡点，是以蓄为主，以排为辅，蓄而后用，用而后排，既不能简单地将雨水"一排了之"，也不应将雨水"截光用尽"。而雨水集蓄也不仅仅是为了一般意义上的雨水利用，它还应该是城市雨水蒸发、入渗的缓冲区和地表径流的源区。据前文所述，集蓄入渗量应该占到雨水的50%左右，这样才能使城市雨水以其自然方式参与流域的水文循环过程。

3. 构建人工渗滤系统，保证雨水集蓄水质。城市化后雨水径流量增加的后果之一还表现为雨水径流污染的威胁日益严重。美国环境保护署1990年公布了不同污染源（如农业、工业、城市污水等）对河流污染的贡献比，其中，城市雨水径流占了9%，而污染后的地表水通过水力联系也必然会污染地下水。因此，雨水集蓄系统必须要保证其水质。在自然状况下，雨水的渗滤完全是通过植被、土壤等通路自然下渗的。

- 风沙尘暴灾害

风沙尘暴都是威胁城市安全的灾害性自然现象,但却是与人类的活动密切相关。目前,西部的西安、兰州、银川、乌兰浩特、呼和浩特、北京等城市常受到风沙的侵袭。因此,在受风沙尘暴危害严重的城市和地区,加强植被的恢复工作、提高植被的覆盖率是减少灾害的最佳途径。

冬末春季发生大范围的沙尘暴后,受强风扬起的沙尘遮蔽了当地日照,能见度甚至为零,超强的沙尘暴又称为黑风暴。沙尘暴会造成人民生命财产及农业的重大损失。沙尘暴主要发源于沙漠化的地区,土质松软、地面干燥、地表没有植被。一旦在大范围空气很不稳定及地面风速很大条件下,很容易将地表沙尘吹起,进入空气中而形成沙尘天气。

沙尘暴发生后,颗粒较大的沙尘大多在影响源地或邻近地区后即沉降到地面;颗粒较小的粒子可以向上传送到1000至3000米高空,再借由西风带的气流向东传送。在传送的过程中,一部分因扩散或稀释,使得沙尘随传送的距离愈远浓度愈低,一部分在传送过程中,受到沉降或降雨(雪)的作用而到达地面。

中国西北方的沙尘可东移到日本、韩国及1万千米外的夏威夷,往南可影响到

我国台湾、香港，甚至达菲律宾，影响范围相当辽阔。

沙尘暴传送到数千千米外的其他地区后，造成当地能见度及大气中悬浮粒子增加，影响该地空气品质。至于受沙尘影响的时间或范围，则需视源地沙尘暴发生的规模、延续时间，以及远地的气象条件是否于沙尘传送有利。依观测记录，短则数小时，影响能见度，长则一星期，甚至造成泥雨的现象。

研究显示，沙漠地区的沙尘为地球中悬浮粒子的主要来源，单是撒哈拉沙漠的沙尘即占了全球大气中25%的悬浮微粒量。我国西北地区位于中亚沙漠区中，世界四大沙漠区排第二位（中非、中亚、北美、澳大利亚），西北区沙尘对东亚的大气环境影响不容忽视。

影响中国东部地区沙尘天气的主要是蒙古低涡系统。蒙古低涡形成后，首先卷起当地的沙尘并逐渐南下，将沿途沙尘源地的沙尘一并卷入低涡中，向下游输送。北京正处于下风向地区，深厚低涡系统往往给北京带来沙尘天气。

北京地区沙尘天气的移动路径主要包括两条：北路从蒙古国东、西部地区，经内蒙古浑善达克沙漠西部、化德、张家口至北京；西路起于新疆哈密市以东至内蒙古阿拉善盟的中蒙边境，沿河西走廊、贺兰山南，经毛乌素沙漠和乌兰布和沙漠、呼和浩特市和张家口，最终到达北京。塔

城市安全手册

克拉玛干沙漠边缘的沙尘暴在遇到强大系统过境时，形成远距离输送，影响到北京地区。

我国北方划分出4个主要沙尘暴中心和源区：

1. 甘肃河西走廊及内蒙古阿拉善盟；
2. 南疆塔克拉玛干沙漠周边地区；
3. 内蒙古阴山北坡及浑善达克沙地毗邻地区；
4. 蒙陕宁长城沿线。

沙尘暴是由天气过程和地面过程共同作用的产物。但是目前人类控制天气的能力还很有限，减缓沙尘暴灾害频度与强度的关键在于搞好地面的生态保护与建设。坚持"预防为主、保护优先、防治并重"的生态保护与建设方针；建立和完善生态保护的法规和政策体系，停止导致生态环境继续恶化的一切生产活动，对于超出生态承载能力的地区要采取一定的生态移民措施。

沙尘暴形成的三个条件：

1. 风是沙尘暴的原始驱动力。无风不起沙。

2. 沙源，如果没有沙源和很细的沙土等基本物质，光有大气环流也不会形成沙尘暴。

3. 地表受热后（一般是在干旱的条件下）产生一种不稳定的上升气流，把地面的沙子带到高空，从而形成沙尘暴。

城市安全手册

• 城市热害

随着全球变暖趋势的加剧和城市化进程的加快，城市的热岛效应和绿地减少，使城市高温现象越来越突出，这种灾害威胁到城市居民的身体健康，造成城市供水、供电紧张，并加剧城市光化学污染，严重影响到城市居民的生产、生活。

以北京为例，1996年夏季酷热，北京至少3个小区千余户居民连续发生停电8小时以上的事故。1997年7月中旬到8月上旬持续20多天高温天气，北京日供电量高达476万千伏，城区电网超载32万千伏，不得不请求华北电网全力确保京城供电。1999年夏季遭遇百年罕见炎热，始于6月24日的35℃以上的高温持续达10天，最高达39℃，打破北京110年来的记录。随着气温升高，用电负荷一路攀升，不断突破用电纪录。2000年夏季的高温创1891年以来的历史新高，7月份高于35℃的天气达15天。用电负荷猛增，使北京市的电网承受了历史最高负荷。

持续高温天气，单位、市民大量使用制冷设备，城市供电供水系统长时间超负荷用电，使停电事故增加，对重要会议、医院手术、市民生活及社会稳定等均有很大影响。高温引起的供电事故严重影响了城市安全、稳定和居民的生活。对现代化城市而言，断电意味着现代城市之灾，因为任何城市防灾工作供电的保障是不可缺少的。

高温期间，城市用水量猛增，造成供水更加困难；持续的高温加剧蒸发量，使地下水位迅速下降，水库蓄水显著减少，加剧旱情。

地面高温使公路交通事故频发（车轮爆胎和司机疲劳）。在国内甚至发生了因地面高温造成民航飞机起飞过程中的事故。

- 雾害

　　雾害又称烟尘雾，雾是由空气中水汽凝结或凝华而形成的，它对能见度产生很大影响。气象观测规范上把水平能见度小于10千米的叫轻雾，水平能见度小于1千米叫雾。

　　雾出现时，地面风速一般较小，近地层气层稳定，不利于污染物的扩散、稀释。近几年来随着城市的发展，城市和工厂、汽车排放到空中的污染物增多，在风力微弱、相对湿度较大、大气层结稳定或有逆温层存在的晴朗夜晚，大量的烟和极细微的粉尘飘浮在城市上空，形成烟尘雾，使城市居民工作和生活在污浊昏暗的空气之中。城市的雾霾日数的增多，伴随连续数日的雾霾天气，大气污染严重，已引起相关部门的高度重视。

　　大雾天因能见度差，交通、航空受其影响很大。如北京市1994年2月17日晚，出现能见度小于50米的浓雾，持续到19日上午10时左右。北京首都国际机场因雾关闭30多小时，影响客运、货运250架次，滞留旅客1.6万人，经济损失200多万元。

浓雾中由于空气湿度大，且含有较多的污染物质，结露在输变电设备的表层，致使该设备绝缘能力迅速下降，当超过其抗污能力时，就会出现线路闪络、微机失控、开关跳闸，从而发生停电、断电故障，影响工农业和其他各行各业生产和人们生活用电，造成严重经济损失和政治影响。如，1990年2月16至19日，连续4天，北京大雾弥漫，北京电网发生严重的大面积"污闪"事故。仅16日和17日两天，华北电网往北京供电的8条高压输电线路中，就有3条500千伏和3条220千伏的高压输电线路相继掉闸断电，只剩2条220千伏的线路勉强支撑。同时市内电网也有12条220千伏和17条110千伏高压线路先后掉闸断电，8个枢纽变电站发生故障。

大雾还影响微波及卫星通讯，使其信号锐减、杂音增大、通讯质量下降。同时，雾（或烟尘雾）使空气污染更加严重，直接影响人们的身体健康，甚至引起某些疾病的发病率和死亡率升高。

- 积雪灾害

冬季发生降雪天气时，可使交通瘫痪、电讯中断、塌房、树木受损，以及市民摔倒骨折的事故。

2001年12月7日下午北京下了一场降雪量仅为1.8毫米的小雪，却引起了北京城市交通大堵塞，影响十分重大，后果十分严重。北京城区还曾因为一场初冬的大雪，使许多供电线路的外皮脱落、短路等引发火灾。全市受损树木1347万株，100多条供电线路受到影响，地铁13号线因铁轨结冰造成短时运行中断。

此外，冰雹、雷击等灾害也严重威胁城市安全和市民生命财产安全。事实证明雷击是城市现代化建设的一大灾害。雷电灾害直接影响着通讯、供电、航空以及诸多古建筑的安全，一直为人们所关注。随着城市现代化发展，高层建筑和现代化通讯设备的增多，城市对雷电灾害越来越敏感；又由于城市热岛强度的增大，城市对流性天气增多，雷暴日数也随之增多，造成的经济损失也呈增大趋势。另外，城市的运转对信息技术的依赖性也愈来愈大，如果一次强雷电的电磁波感应造成计算机和网络通讯系统（如银行、税收等系统的同城结算计算机网络等）瘫痪，其后果难以估量。1997年北京市因雷击损坏电视机和联网微机等共600多台。在2001年，北京发生30起雷电灾害中，有90%是因电磁感应雷击造成计算机网络、通讯设备和住宅楼的电源设备被损坏。

- 雹灾

发生在城市的雹灾主要使户外设施遭到不同程度的损害。如1969年8月29日18:05-20:00,北京10个区县降雹。城近郊受灾最重,居民住房玻璃被打坏,东西长安街的路灯被打坏2/3。2005年6月7日傍晚,北京雷声滚滚,暴雨倾盆,铺天盖地的冰雹袭击了北京北部地区和部分城区,砸坏了数十辆汽车。

• 高温干旱灾害

高温干旱灾害的形成与城市的气候背景、海气相互作用、大气环流、天气系统等多方面有关，高温干旱的发生会对农业、水利、林业、工业、电力、交通、航运以及人类生活的方方面面造成威胁。

面对各种可能发生以及已经发生的自然灾害，城市要想化解灾难，必须完善相应的预防、应急、灾后处理的机制。在物质方面，要完善各种设施，如安全通道、交通工具、医疗器具、物资储备等等，并在预报机制方面提升预报器械的精度，以便实现早预报早预防，因为很多自然灾害发生只是一瞬间，但发生后造成的巨大破坏力却是无法估量的，为了减少生命、财产的损失，提高预警精度、保障信息流通顺畅是很有必要的。在机制方面，除了完善预警机制，还应对人群加强防灾演习、普及自救知识，强化相关工作人员面对灾害时的责任心。

• 防御措施

在所有城市灾害中，气象灾害是发生次数最多、频率最高、损失也最大的灾种。气象灾害具有明显的季节性、连锁性、多样性、损失重的特点，直接影响工农业生产、交通运输、城市供电和生命财产安全。一次严重的气象灾害，有可能使城市的发展停滞若干年。

城市气象灾害是城市化引起的不利气候条件，为了防御和减轻灾害，除了研究灾害的形成、变化规律及其影响外，还要改造客观存在的不利条件，减缓或降低因城市化而引起的气象灾害的不利影响。对于城市暴雨洪涝灾害防御的主要措施是：加强水利防洪设施建设，制定新的市政工程施工标准。同时加强城市排水系统改造、整治河道等。扩大城市绿化面积，促进土壤对雨水的吸收。对于城市热害和消减城市热岛的措施主要为：科学设计房屋建筑，重视天气预报，做好防暑降温准备，扩大城市绿地覆盖率，在增加城区水域面积和喷、洒水设施，降低温度。减少人为热和温室气体排放。尽可能增大城市下垫面的反射率，建筑物外表用浅色装饰材料，可有效增加反射率。大气污染治理措施是：制定排污标准、限制排污量，减少工业排放和机动车排放等。

气象部门应对气象灾害进行长期预测，对灾害发生的趋势做出预报，使防灾决策部门做到心中有数，在重点区域进行防御。

目前在我国针对气象灾害的监测体系和网络，除已建有气象观测站、天气雷达站、静止卫星云图接收站、地面自动气象站外，在城区加密了地面自动观测站点的密度，为满足城市减灾防灾的需要，布设了闪电定位仪、新一代雷达，不断提高观测精度。

气象部门发布中、短、临近预报，发布各种天气预警信号，开展灾害性天气和突发事件应急服务等项工作。在突发性灾害天气出现前，如局地大暴雨、伤害性强冰雹天气、短时八级以上大风、高温天气等，气象局发布气象警报。

气象灾害决策服务和应急气象服务。在进行天气预报和监测过程中，发现有上述突发性灾害天气即将发生时，立即制作预警信息，通过电视、电台、电话、手机短信、互联网等多种途径向公众发布。直接通知有可能受灾的地区政府、部门和企事业，并及时向市政府主管部门进行天气情况的报告。向有关部门和单位、新闻媒体、电讯、手机短信、无线通讯等单位要及时发出气象灾害预警信息。

发布天气警报时，提醒市民如何进行防灾减灾，首要任务是保护市民的生命安全。对灾害天气连续进行高科技手段跟踪监测，随时向有关部门发布天气监测情报信息。及时收集灾情，编发气象灾情通报。

开展人工影响天气工作（如：人工消雾、消雹作业），这是减轻相关气象灾害的最根本措施。

科学安装避雷装置，积极开展避雷装置检测，掌握雷电防护知识，采取有效方法保护自己，避免或减轻伤害。

城市气象灾害监测、预警与应急服务系统建设是气象防灾减灾工作的重要内容，是建立全社会预警体系的重要组成部分，直接关系到我国经济社会的可持续发展和公众生命财产安全。

改造客观存在的不利方面。制定社会、经济、环境协调发展的城市规划，城市规划必须考虑气候条件、气象灾害的影响。如工业区布局、街道走向。制定排污标准、限制排污量、绿化环境、调节气候等等。

● 城市人为灾害

城市人为灾害有以下这些方面：水污染、生活垃圾污染、空气污染、传染病、交通事故（高铁、地铁）等等。

城市安全手册

水体污染 >

水文地质环境污染灾害：由于城市"三废"处理不当，而引起地下水污染，水质恶化是城市环境地质研究的一个重大问题，据国内40多个城市地下水调查，几乎都有不同程度的污染。

城市水体被污染，有自然的因素，由于雨水对各种矿石的溶解作用、火山爆发和干旱地区的风蚀作用所产生的大量灰尘落入水体。但是更重要的是人为因素，随着城市工业化的逐步发展、人们的生产水平和生活水平逐步提高，大量未经处理的工业废水、生活污水、农药化肥和各种废弃物排入水中，造成水质恶化。水是构成生物体的最主要成分，不健康的水质对人和其他生物都会造成不良的影响，据调查，世界上80%的疾病都是由水造成的，我们熟知的人类五大疾病（伤寒、霍乱、胃肠炎、痢疾、传染性肝炎）均由水质不洁引起。水污染防治不能仅仅依靠污染后的治理，更应该注重加大对污染源头的管理力度，杜绝"先污染后治理"的错误观念。

垃圾污染 >

城市垃圾灾害（包括工业固体物）：由建筑施工和工业生产及生活的废弃物（如建筑碎料、旧建筑物拆毁残渣、工业灰渣、矿渣废石、生活垃圾等）人为堆积地质作用引起的危害性更大。人类生活垃圾堆积土中含有许多有机物质，分解后产生甲烷气体，可能构成易爆炸的危险环境。另外，未经地质评价而倾倒或填埋的废物极易被雨水淋滤下渗污染地下水，或呈地表径流排入地表水体造成新的污染。

城市垃圾污染是最贴近我们日常生活的污染现象，其中主要有以下5类垃圾，它们造成危害是极其严重的：

城市安全手册

1.塑料,难以分解,破坏土质,使植物生长减少30%;填埋后可能污染地下水;焚烧会产生有害气体。

2.电池,纽扣电池含有有毒重金属汞,充电电池含有有害重金属镉,干电池含汞、铅和酸碱类等对环境有害的物质。

3.剩餐,如与垃圾或快餐盒倒在一起的剩饭,使得大量滋生蚊蝇;促使垃圾中的细菌大量繁殖,产生有毒气体和沼气,引起垃圾爆炸。

4.油漆和颜料,含有有机溶剂的油漆可引起头痛、过敏、昏迷或致癌,而且是危险的易燃品;颜料中多含重金属,对健康不利。

5.清洁类化学药品,含有机溶剂或大自然难降解的石油化工产品;具有腐蚀性;含氯元素(如漂白剂、地板清洗剂等),对人体有毒;药品含破坏臭氧层物质;杀虫剂中,有50%含致癌物质,有些可损伤动物肝脏。

防治城市生活垃圾污染的主要措施是建设城市生活垃圾处置设施和场所。垃圾产生后就得合理处置,不能随意地倾倒、简单地堆放,否则会污染环境,危害人体健康。

空气污染

对于空气污染，虽然国家的污染治理力度有所提升，但是我国的空气污染还是很严重。工业生产是大气污染的一个重要来源。工业生产排放到大气中的污染物种类繁多，有各种烟尘和气体。城市中大量民用生活炉灶和采暖锅炉需要消耗大量煤炭，煤炭在燃烧过程中要释放大量的灰尘、二氧化硫、一氧化碳等有害物质污染大气。同时，汽车、火车、飞机、轮船是当代的主要运输工具，它们烧煤或石油产生的废气也是重要的污染物。特别是城市中的汽车，量大而集中，排放的污染物能直接侵袭人的呼吸器官。防治城市大气污染，不仅要继续实行传统的方法，如调整能源结构，积极探寻太阳能、风能、生物能、氢能、天然气等清洁能源，植树造林扩大绿化面积，还应加大执法力度，尤其要对街边食物商贩进行严加管理，防治烹饪烟雾弥漫街道，造成大面积空气污染。

城市安全手册

光污染

全国科学技术名词审定委员会审定公布光污染的定义：

1. 过量的光辐射对人类生活和生产环境造成不良影响的现象。包括可见光、红外线和紫光污染外线造成的污染。

2. 影响光学望远镜所能检测到的最暗天体极限的因素之一。通常指天文台上空的大气辉光、黄道光和银河系背景光、城市夜天光等使星空背景变亮的效应。

光污染问题最早于20世纪30年代由国际天文界提出，他们认为光污染是城市室外照明使天空发亮造成对天文观测的负面的影响。后来英美等国称之为"干扰光"，在日本则称为"光害"。

光污染泛指影响自然环境，对人类正常生活、工作、休息和娱乐带来不利影响，损害人们观察物体的能力，引起人体不舒适感和损害人体健康的各种光。人的眼睛由于瞳孔的调节作用，对于一定范围内的光辐射都能适应，但光辐射增至一定量时，将会对人体健康产生不良影响，这称为"光污染"。从波长10纳米至1毫米的光辐射，即紫外辐射、可见光和红外辐射，在不同的条件下都可能成为光污染源。

依据不同的分类原则，光污染可以分为不同的类型，国际上一般将光污染分成4类，即白亮污染、眩光污染、人工白昼和彩光污染。

白亮：当太阳光照射强烈时，城市里建筑物的玻璃幕墙、釉面砖墙、磨光大理石和各种涂料等装饰反射光线，明晃白亮、炫目。专家研究发现，长时间在白色光亮污染环境下工作和生活的人，视网膜和虹膜都会受到程度不同的损害，视力急剧下降，白内障的发病率高达45%。还使人头昏心烦，甚至发生失眠、食欲下降、情绪低落、身体乏力等类似神经衰弱的症状。夏天，玻璃幕墙强烈的反射光进入附近居民楼房内，增加了室内温度，影响正常的生活。有些玻璃幕墙是半圆形的，反射光汇聚还容易引起火灾。烈日下驾车行驶的司机会出其不意地遭到玻璃幕墙反射光的突然袭击，眼睛受到强烈刺激，很容易诱发车祸。据光学专家研究，镜面建筑物玻璃的反射光比阳光照射更强烈，其反射率高达82%-90%，光几乎全被反射，大大超过了人体所能承受的范围。

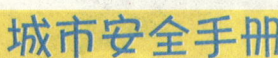

城市安全手册

眩光：汽车夜间行驶时照明用的头灯，厂房中不合理的照明布置等都会造成眩光。某些工作场所，例如火车站和机场以及自动化企业的中央控制室，过多和过分复杂的信号灯系统也会造成工作人员视觉锐度的下降，从而影响工作效率。焊枪所产生的强光，若无适当的防护措施，也会伤害人的眼睛。长期在强光条件下工作的工人（如冶炼工、熔烧工、吹玻璃工等）也会由于强光而使眼睛受害。

人工白昼：夜幕降临后，商场、酒店上的广告灯、霓虹灯闪烁夺目，令人眼花缭乱。有些强光束甚至直冲云霄，使得夜晚如同白天一样，即所谓人工白昼。在这样的"不夜城"里，夜晚难以入睡，扰乱人体正常的生物钟，导致白天工作效率低下。人工白昼还会伤害鸟类和昆虫，强光可能破坏昆虫在夜间的正常繁殖过程。目前，大城市普遍、过多使用灯光，使天空太亮，看不见星星，影响了天文观测、航空等，很多天文台因此被迫停止工作。据天文学统计，在夜晚天空不受光污染的情况下，可以看到的星星约为7000颗，而在路灯、背景灯、景观灯乱射的大城市

里，只能看到20~60颗星星。

彩光：舞厅、夜总会安装的黑光灯、旋转灯、荧光灯以及闪烁的彩色光源构成了彩光污染。据测定，黑光灯所产生的紫外线强度大大高于太阳光中的紫外线，且对人体有害影响持续时间长。人如果长期接受这种照射，可诱发流鼻血、脱牙、白内障，甚至导致白血病和其他癌变。彩色光源让人眼花缭乱，不仅对眼睛不利，而且干扰大脑中枢神经，使人感到头晕目眩，出现恶心呕吐、失眠等症状。科学家最新研究表明，彩光污染不仅有损人的生理功能，而且对人的心理也有影响。"光谱光色度效应"测定显示，如以白色光的心理影响为100，则蓝色光为152，紫色光为155，红色光为158，黑色光最高，为187。要是人们长期处在彩光灯的照射下，其心理积累效应也会不同程度地引起倦怠无力、头晕及神经衰弱等身心方面的病症。

另外，有些学者还根据光污染所影响的范围的大小将光污染分为"室外视环境污染""室内视环境污染"和"局部视环境污染"。其中，室外视环境污染包括建筑物外墙、室外照明等；室内视环境污染包括室内装修、室内不良的光色环境等；局部视环境污染包括书簿纸张和某些工业产品等。

红外线：红外线近年来在军事、人造卫星以及工业、卫生、科研等方面的应

城市安全手册

用日益广泛,因此红外线污染问题也随之产生。红外线是一种热辐射,对人体可造成高温伤害。较强的红外线可造成皮肤伤害,其情况与烫伤相似,最初是灼痛,然后是造成烧伤。红外线对眼的伤害有几种不同情况,波长为7500~13000埃的红外线对眼角膜的透过率较高,可造成眼底视网膜的伤害。尤其是11000埃附近的红外线,可使眼的前部介质(角膜、晶体等)不受损害而直接造成眼底视网膜烧伤。波长19000埃以上的红外线,几乎全部被角膜吸收,会造成角膜烧伤(混浊、白斑)。波长大于14000埃的红外线的能量绝大部分被角膜和眼内液吸收,透不到虹膜。只是13000埃以下的红外线才能透到虹膜,造成虹膜伤害。人眼如果长期暴露于红外线可能引起白内障。

紫外线:紫外线最早是应用于消毒以及某些工艺流程。近年来它的使用范围不断扩大,如用于人造卫星对地面的探测。紫外线的效应按其波长而有不同,波长为1000~1900埃的真空紫外部分,可被空气和水吸收;波长为1900~3000埃的远紫外线,大部分可被生物分子强烈吸收;波长为3000~3300埃的近紫外,可

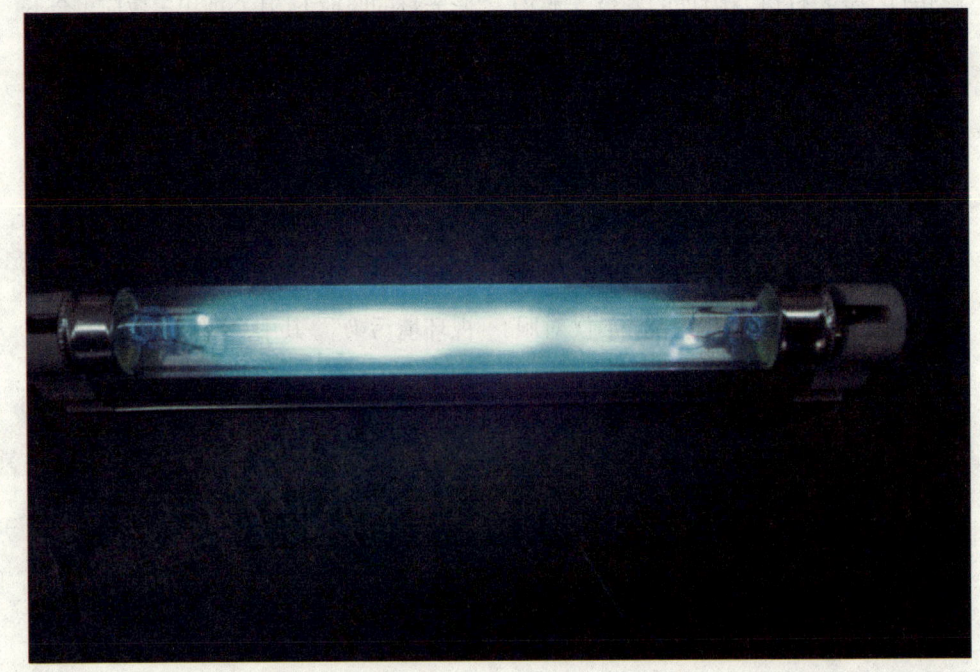

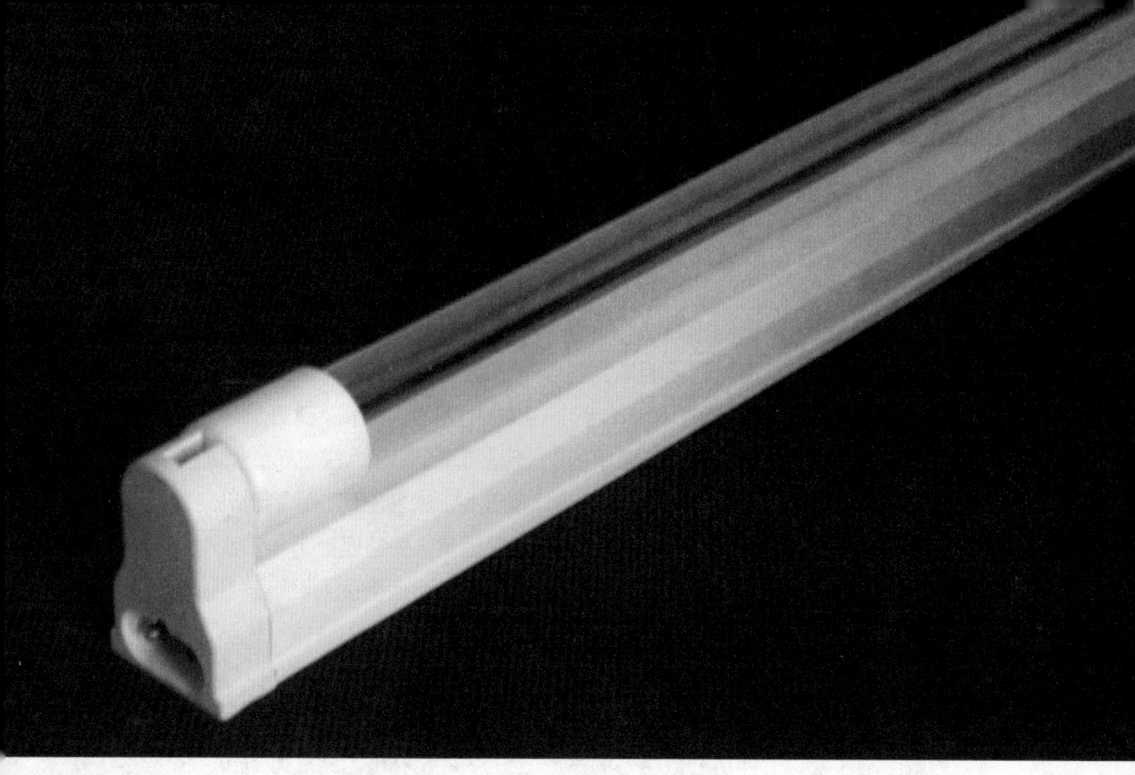

被某些生物分子吸收。紫外线对人体主要是伤害眼角膜和皮肤。造成角膜损伤的紫外线主要为2500~3050埃部分，而其中波长为2880埃的作用最强。角膜多次暴露于紫外线，并不增加对紫外线的耐受能力。紫外线对角膜的伤害作用表现为一种叫作畏光眼炎的极痛的角膜白斑伤害。除了剧痛外，还导致流泪、眼睑痉挛、眼结膜充血和睫状肌抽搐。紫外线对皮肤的伤害作用主要是引起红斑和小水疱，严重时会使表皮坏死和脱皮。人体胸、腹、背部皮肤对紫外线最敏感，其次是前额、肩和臀部，再次为脚掌和手背。

不同波长紫外线对皮肤的效应是不同的，波长2800~3200埃和2500~2600埃的紫外线对皮肤的效应最强。

光污染的防治主要有以下几点：1.加强城市规划和管理，改善工厂照明条件等，以减少光污染的来源。2.对有红外线和紫外线污染的场所采取必要的安全防护措施。3.采用个人防护措施，主要是戴防护眼镜和防护面罩。光污染的防护镜有反射型防护镜、吸收型防护镜、反射-吸收型防护镜、爆炸型防护镜、光化学反应型防护镜、光电型防护镜、变色微晶玻璃型防护镜等类型。

城市安全手册

美国洛杉矶光化学烟雾

洛杉矶位于美国西南海岸，西面临海，三面环山，是个阳光明媚、气候温暖、风景宜人的地方。早期金矿、石油和运河的开发，加之得天独厚的地理位置，使它很快成为了一个商业、旅游业都很发达的港口城市。洛杉矶市很快就变得空前繁荣，著名的电影业中心好莱坞和美国第一个"迪斯尼乐园"都建在了这里。城市的繁荣又使洛杉矶人口剧增。白天，纵横交错的城市高速公路上拥挤着数百万辆汽车，整个城市仿佛一个庞大的蚁穴。

然而好景不长，从20世纪40年代初开始，人们就发现这座城市一改以往的温柔，变得"疯狂"起来。每年从夏季至早秋，只要是晴朗的日子，城市上空就会出现一种弥漫天空的浅蓝色烟雾，使整座城市上空变得混浊不清。这种烟雾使人眼睛发红、咽喉疼痛、呼吸憋闷、头昏、头痛。1943年以后，烟雾更加肆虐，以致远离城市100千米以外的海拔2000米高山上的大片松林也因此枯死，柑橘减产。仅1950－1951年，美国因大气污染

造成的损失就达15亿美元。1955年，因呼吸系统衰竭死亡的65岁以上的老人达400多人；1970年，有75%以上的市民患上了红眼病。这就是最早出现的新型大气污染事件——光化学烟雾污染事件。

洛杉矶在20世纪40年代就拥有250万辆汽车，每天大约消耗1100吨汽油，排出1000多吨碳氢化合物，300多吨氮氧化合物，700多吨一氧化碳。另外，还有炼油厂、供油站等其他石油燃烧排放，这些化合物被排放到阳光明媚的洛杉矶上空，制造出了一个毒烟雾工厂。

光化学烟雾可以说是工业发达、汽车拥挤的大城市的一个隐患。50年代以来，世界上很多城市都不断发生过光化学烟雾事件。光化学烟雾的形成机理十分复杂，其主要污染物来自汽车尾气。因此，目前人们主要在改善城市交通结构、改进汽车燃料、安装汽车排气系统催化装置等方面做着积极的努力，以防患于未然。

城市安全手册

传染病 >

　　传染病如非典型性肺炎、甲型H1N1流感、瘟疫等等，一旦在人群密集的城市中蔓延，会造成惨重的破坏。为防治这些高强度的传染病灾害，城市要加强防灾应灾的建设，软件硬件的建设都不应忽视，硬件上要完善安全通道、医疗设施、交通运输工具等；软件上要提升相关人员的责任意识，探索更高水平的医疗技术，同时控制城市人口密度，防止过度膨胀造成传染病的传染率升高及疏散的难度加大。

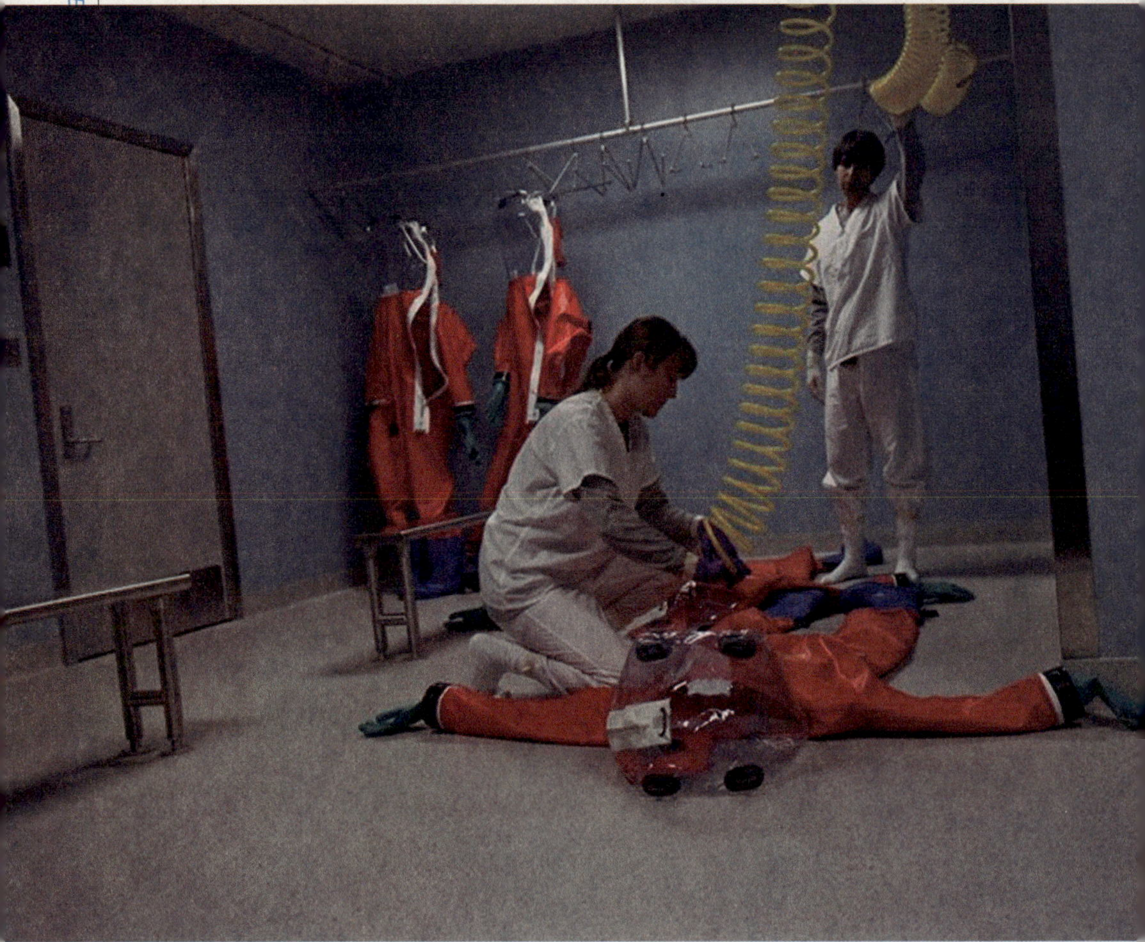

交通事故 〉

　　交通事故，几乎是各大电视台、广播台、网络等时时报道的新闻。由汽车、火车包括动车高铁、城市地铁等等造成的人员伤亡、财产损失、人群恐慌越来越受到人们的关注。造成交通事故的因素是多方面的，除了交通工具本身的缺陷不足和交通道路的障碍外，最主要的因素还是人为因素：醉酒驾车、疯狂飙车、不遵守道路规则、缺乏责任心。有些事故如动车事故，也与国家相关政策的不成熟有关。所以，要想降低交通事故的发生频率，不仅要强化人们的安全意识、责任意识，提升交通工具的安全系数，国家还应该完善相关规章制度保障交通安全。

城市安全手册

火灾 >

　　火灾是指在时间和空间上失去控制的燃烧所造成的灾害。在各种灾害中，火灾是最经常、最普遍地威胁公众安全和社会发展的主要灾害之一。人类能够对火进行利用和控制，是文明进步的一个重要标志。所以说人类使用火的历史与同火灾做斗争的历史是相伴相生的，人们在用火的同时，不断总结火灾发生的规律，尽可能地减少火灾及其对人类造成的危害。

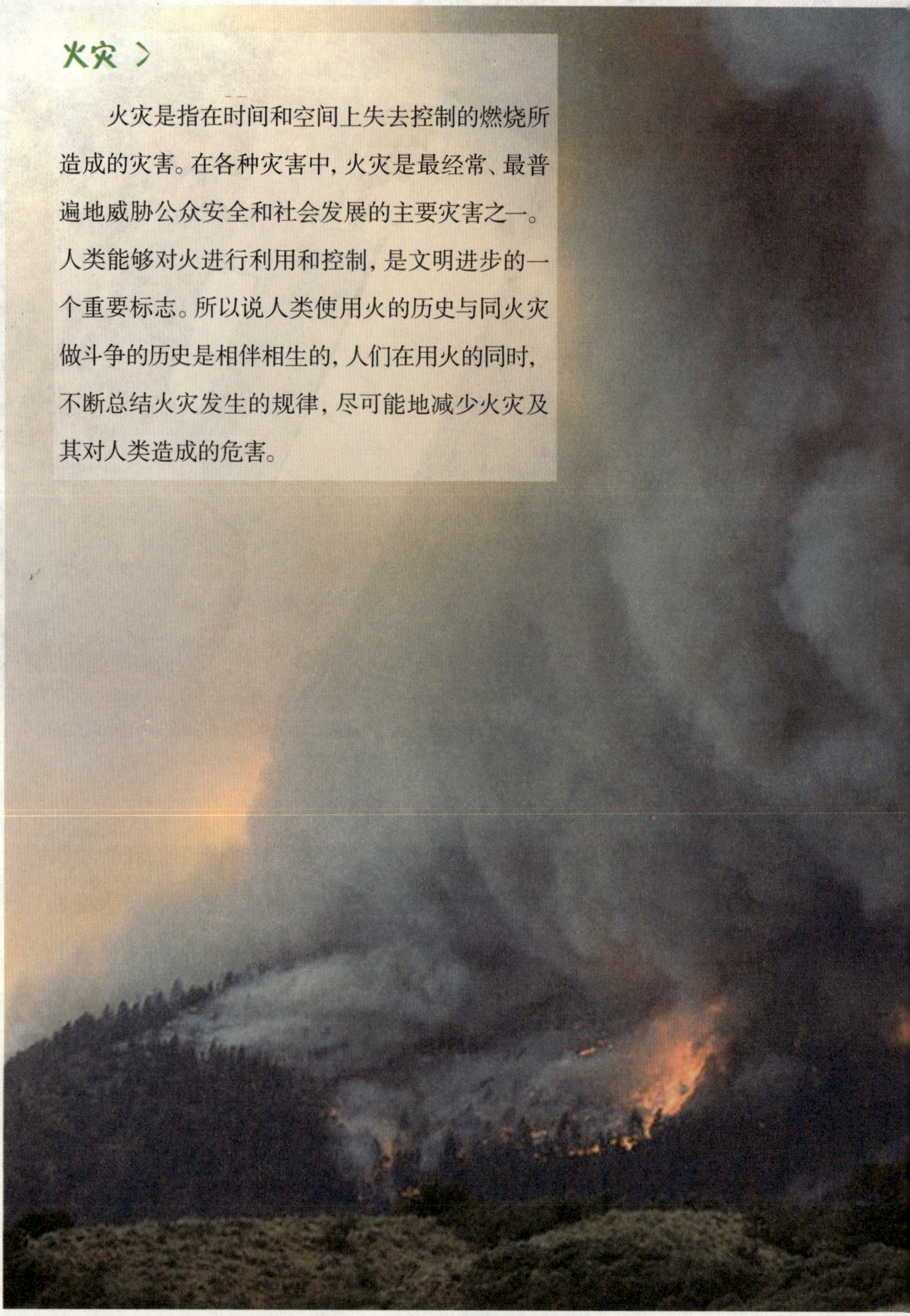

- 火灾类型

在火灾分类中,火灾根据可燃物的类型和燃烧特性,分为A、B、C、D、E、F六类。

A类火灾:指固体物质火灾。这种物质通常具有有机物质性质,一般在燃烧时能产生灼热的余烬。如木材、煤、棉、毛、麻、纸张等火灾。

B类火灾:指液体或可熔化的固体物质火灾。如煤油、柴油、原油、甲醇、乙醇、沥青、石蜡等火灾。

C类火灾:指气体火灾。如煤气、天然气、甲烷、乙烷、丙烷、氢气等火灾。

D类火灾:指金属火灾。如钾、钠、镁、铝镁合金等火灾。

E类火灾:带电火灾。物体带电燃烧的火灾。

F类火灾:烹饪器具内的烹饪物(如动植物油脂)火灾。

城市安全手册

- 等级划分

根据2007年6月26日,公安部下发的《关于调整火灾等级标准的通知》。新的火灾等级标准由原来的特大火灾、重大火灾、一般火灾三个等级调整为特别重大火灾、重大火灾、较大火灾和一般火灾四个等级。

特别重大火灾:指造成30人以上死亡,或者100人以上重伤,或者1亿元以上直接财产损失的火灾。

重大火灾:指造成10人以上30人以下死亡,或者50人以上100人以下重伤,或者5000万元以上1亿元以下直接财产损失的火灾。

较大火灾:指造成3人以上10人以下死亡,或者10人以上50人以下重伤,或者1000万元以上5000万元以下直接财产损失的火灾。

一般火灾:指造成3人以下死亡,或者10人以下重伤,或者1000万元以下直接财产损失的火灾。(注:"以上"包括本数,"以下"不包括本数。)

> ### 3S系统

"3S"技术是英文遥感技术(RS)、地理信息系统(GIS)、全球定位系统(GPS)这三种技术名词中最后一个单词字头的统称。

人类有一个梦想,就是想只用一种方法,就把世间一切事物都管起来。而遥感技术、地理信息系统、全球定位系统,它们具有天然的优势互补性,因此,它们就自然而然地"走到"一起来了。

它们在3S体系中各自充当着不同的角色,遥感技术是信息采集(提取)的主力;全球定位系统是对遥感图像(相片)及从中提取的信息进行定位,赋予坐标,使其能和"电子地图"进行套合;地理信息系统是信息的"大管家"。

将这三者有机地组合,人类的梦想就实现了。"3S"是一个动态的、可视的、不断更新的、通过计算机网络能够传输的、三维立体的、不同地域和层次都可以使用的、"活"的系统。

逃生自救

火灾逃生自救基本技能

逃生的基本方法：火灾逃生的基本要求是沉着冷静，充分利用建筑内的各种消防设施，遵循正确的逃生路线，运用有效的逃生或避难方法。正确逃生方法是在听到火灾警报或"着火啦"的喊声后，不要迟疑，立即起床、穿衣或拿好衣服、钱物、关闭电源，跑出房间，关好门后进入走道，奔向楼梯间向下层疏散。如有广播，应仔细倾听；遵循广播指引的疏散路线和注意事项。当无广播或无人员指引疏散时，首先应择距离近而直通楼外地面的安全通道疏散，因为以逃到着火建筑物之外地面最为安全。如打开房门发现走廊或楼梯间有烟气流动时，最好返回洗漱间将衣服、毛巾淋水浸湿，掩住口鼻，以低姿势循安全通道逃生。除了正常的疏散通道外，一、二层的门、窗、阳台等处也是大可利用的安全出口。

当楼梯口或下行通道被烟火封锁时，首先要弄清烟火弥漫的程度和必须通过的距离。如果必须通过的烟火区距离很短，火热很弱，一冲即可通过时，则应在淋湿衣服、掩好口鼻的个人防护下，毫不迟疑地闯过去就能获得安全。也可利用楼内消火栓，以喷雾水流掩护人流快速通过。

当着火层、着火层的上部各层和

城市安全手册

以下各层都必须共用一个安全疏散通道时，则应首先让着火层的人员先行撤离，次之为着火层以上各层，再之为着火层以下各层。因为烟火向上部发展蔓延最快，上部首先受到火势威胁。因此，当上层着火时，其下层人员不必惊慌，与上层逃生人流争抢通道。

当确认正常的安全疏散通道已被烟火牢牢封死时也不必惊慌，可用楼内的其他安全设施，如紧急疏散通道、室外楼梯等设施，尽量向地面疏散。

当确认无法到达地面时，则应以寻找临时避难场所，等待消防救援为主要行动方向。如进入避难层、避难间、防烟室、防烟楼梯间、撤退至楼顶平台的上风处，进入未着火的防火分区或防烟分区之内等处，求得暂时性的自我保护。

当确认走道已被烟火封死(用手先

摸房门,如果烫手则说明门外已有烟火),无法开门冲出房门时,应首先紧闭房门,封堵烟火侵入,避至阳台;若无阳台,可将窗帘、床单、被单等撕开制成绳索,最好用水打湿,牢固系于暖气管、窗框等部位,顺绳沿墙从窗口滑下,并借助于枕头或靠垫之类物品,以便"软着陆"。如所住楼层高,则应依上述方法逐层下滑,直到达到较为安全层,再从安全通道逃至地面。也可利用滑杆、安全绳、缓降器等工具逐层滑降。因为相对着火层及以上的各层而言,着火层以下各层都还是相对安全的。

总之,火场自我逃生的行动,要根据火势发展情况,楼内环境和消防设施情况,灵活掌握自己的逃生行动。尤其要重视借助排烟系统、通风系统、通讯系统、防火分隔设施、安全疏散指示和避难设施等,为自我逃生创造有利条件。值得提醒的是对于未能逃离火场的人员,要选择阳台、平台、窗口、外墙的突出部位等容易被人发现的位置和能够避开烟火侵害的部位以及消防队便于救助的位置进行暂避和等待,以喊话、招手、打开手电筒等方式吸引消防人员救助。

逃生中的自我保护措施:学会逃生的自我保护的基本方法是保证自我逃生安全的重要组成部分。如在逃生中因中毒、撞伤等原因对身体造成伤害,不但贻误逃生行动,还有遗留后患甚至危及生命的危险。

火场上烟气都具有较高的温度，所以安全通道的上方有毒气体浓度都大于下部，贴近地面处最低。疏散中穿过烟气弥漫区域时以低姿行进为好，例如弯腰、蹲姿、爬姿等。剧烈的运动可增大肺活量，当采取猛跑方式通过烟雾区时，不但会增大烟气等毒性气体的吸入量，而且容易发生由于视线不清所致的碰撞、跌倒等事故。

当必须通过烟火封锁区域时，应用水将全身淋湿，用湿布、衣服、湿毛巾或手帕掩口鼻或在喷雾水枪掩护下迅速穿过。

自我逃生中乱跑乱串、大喊大叫，不但会消耗大量体力，吸入更多的烟气，还会妨碍别人的正常疏散和诱导发生混乱。尤其是前呼后拥的混乱状态出现时，决不能贸然加入，这是逃生过程中的大忌，也是扩大伤亡的缘由。此时，宜另辟蹊径或按照其他方式进行逃生。

房间内的床下、桌下、洗漱间和无任何消防设施保护的走廊、楼梯间、电梯间等部位，均不能作为避难场所，即使暂时看不到火焰，烟气的熏蒸也可使人昏迷致死。跳楼、木然不动、消极等待都是火灾中不可取而应绝对禁止的行为。

另外，在逃生过程中及时关闭防火门、防火卷帘门等防火分隔物，启动排风和排烟系统都极有利于逃生疏散，应注意利用。

值得注意的是在烟气弥漫能见度极差的环境中逃生疏散，应低姿细心搜寻安全疏散指示标志和安全门的闪光标志，按其指引的方向稳妥前进，切忌只顾低头乱跑或盲目随从别人。

起火时不可乘坐电梯逃生：火灾时，乘坐电梯会带来危险，因为电梯井直通大楼各层，烟、热、火容易涌入，烟与火的毒性或熏烤可危及人的生命；由于烟囱效应的作用乘客难以承受烟熏火烤，在高温下，电梯会失控甚至变形，乘客被困在里面，生命安全得不到保证；由于灭火时，水容易流到电梯内，在水渍的作用下，会造成触电的危险；消防电梯也不是万无一失的。建筑物内虽有经周密设计的消防电梯，但在火灾时，消防控制室会将所有消防电梯降至一层，仅供消防队使用。在美国曾发生过消防队员乘坐电梯去22层，因电梯失控而全部丧生的悲剧。巴西圣保罗焦玛大楼火灾也发生类似的事故。

如果身上着了火，千万不能奔跑！因为奔跑时，会形成一股小风，大量新鲜空气冲到着火人的身上，就像给炉子扇风

城市安全手册

一样,火会越烧越旺。着火的人乱跑,还会把火种带到其他场所,引起新的燃烧点。尽量先把衣帽脱掉。身上着火,一般总是先烧着衣服、帽子,所以,最重要的是先设法把衣帽脱掉,如果一时来不及,可把衣服撕碎扔掉。脱去了衣帽,身上的火也就灭了。衣服在身上烧,不仅会使人烧伤,而且还会给以后的治疗增加困难。如果来不及脱衣,也可卧倒在地上打滚,把身上的火苗压熄。倘若有其他人在场,可用湿麻袋、毯子等把身上着火的人包裹起来,或者向着火人身上浇水,或帮助将燃烧的衣服脱下或撕下。切忌用灭火器直接向着火人身上喷射。因为多数灭火器的药剂会引起烧伤创口感染。如果身上火势较大,来不及脱衣服,旁边又没有其他人协助灭火,则可以跳入附近的池塘、小河等水中去,把身上的火熄灭。虽然这样做可能对后来的烧伤治疗不利,但是至少可以减轻烧伤程度和面积。

在火灾中由于心慌而跳楼的例子很多,但多数非死即伤,因为据统计在3层以上往下跳死亡概率极大,所以非到万不得已的情况下,最好不要跳楼。但是,火灾时若被火势逼到阳台、楼顶等地方时,既无生路又无返路,生命受到严重威胁时,只有一跳了,但在跳楼时也不能只凭运气,要设法减少伤亡,所以务必注意以下几点:

1.要抱一些棉被、沙发垫等松软的物品,这样可以减缓冲击力。

2.选择往楼下的石棉瓦车棚、花圃草地、水池河滨或枝叶茂盛的树上跳,这样可以减轻伤亡的程度。

3.徒手跳时要抱紧头部,身体弯曲,卷成一团,这样可以减少头部着地的可能性。总之,跳楼是很危险的,所以,在火灾时一定要镇静,尽量选择正确的疏散路线,不到万不得已时,千万别跳楼。

有楼房必有楼梯,楼梯平时供人们上下楼使用,一旦发生火灾和其他突发事件,又是用于疏散的主要通道。因此,楼梯一定要保持畅通,以利安全。有的学校对此漠不关心,有的把楼梯作为堆物的地方,这种做法是不利于防火安全的。楼梯上堆物,若是堆放可燃物,常常成为火灾蔓延的媒介。楼梯上面或者下面堆放可燃物,火势就会很快封锁楼梯通道。楼梯上堆物,严重妨碍了人们的疏散。学校不应在楼梯上堆放物品,更不可在木楼梯下堆放可燃物品。所有这些,都是关系全楼上下人员安全的大事,切不可麻痹大意。

城市安全手册

• 高楼失火逃生小常识

目前高层一旦起火，靠的还是自己的自防自救。一旦发生火灾，以下几点要牢记：

1. 开门要小心：当在室内得知起火时，首先应用手背去接触房门，试一试房门是否已变热，如果是热的，门不能打开，否则烟和火就会冲进卧室；如果房门不热，火势可能还不大，就可以通过正常的途径逃离房间。离开房间以后，一定要随手关好身后的门，以防火势蔓延。走不出房间时，应选择别人易发现的地方，向消防队员求救。

2. 不能乘坐普通电梯：高层起火后很容易断电，这时候乘普通电梯就有"卡壳"的可能，人在电梯里面会被浓烟毒气熏呛而窒息。人们可以利用室内步行楼梯或消防电梯逃生。逃生时要尽可能关闭楼梯间的防火门，防止烟火侵入。

3. 最好弯腰匍匐前进：在充满烟雾的房间和走廊内，由于烟和热气上升的道理，在离地板近的地方，烟雾相对少一点，可少吸些烟，因此最好弯腰，使头部尽量接近地面。必要时应匍匐前进。逃生的时候记得要用湿毛巾捂住口鼻、湿棉被裹身。

4. 靠近窗户阳台：当着火层的走廊、楼梯被火封锁时，被困人员要尽量靠近当街窗口等容易被人看到的地方，向救援人发出求救信号。如呼唤，向楼下抛掷一些小物品，用手电筒往下照等。当然如果附近有电话的话，要告之自己所在的准确位置，以确保能被尽早发现。

5. 尽量向下而不是往上逃生：由于火和烟的向上速度很快，所以逃生时要尽量往下跑。着火点在所处位置的上层，应向楼下逃；着火点在所处位置下层，且火和烟雾已封锁向下逃生的通道,应尽快往楼顶平台逃;楼顶逃生不成选择横向路线。如果在向楼顶逃生的过程中,发现自己被火、烟追赶且向上的道路被封锁了,此时应果断地改变逃生路线,从另一层楼的走廊通道逃生,或退守到该层有利于逃避的房间内,寻找其他逃生方法。

6.不要轻易跳楼:如果被困于楼层较低(三层以下)位置,逃生时可将室内席梦思、被子等软物抛到楼底,再从窗口跳至软物上逃生,或是把床单、窗帘、地毯等接成绳,进行滑绳自救。处于较高层时,不应着急,盲目跳楼,要将自己充分暴露在易被发现的地方,等待消防人员救援。

7.不可钻床底、衣橱、阁楼:高层建筑火灾中切记千万不可钻到床底下、衣橱内、阁楼上躲避火焰或烟雾。因为这些都是火灾现场中最危险的地方,而且又不易被消防人员发觉,难以获得及时的营救。

高楼火灾中最易出现三种情况:

1.如何穿过火焰区?逃生前最好用水将衣服浇湿、用湿毯子裹住全身或用湿衣服包住头部等裸露部位。这样穿过着火区域时,身上的衣服不易着火,身体裸露部

城市安全手册

位不致被烧伤。万一衣服着火,可就地打滚压灭火苗,不宜带火奔跑,以免加快空气的相对流动。

2. 如果火灾不在自己楼层,该往哪儿逃?如果着火点位于自己所处位置的上层,此时应向楼下逃去,直至到达安全地点;如果着火点位于自己所处位置的下层,且火和烟雾已封锁向下逃生的通道,应尽快往楼上逃生,楼顶平台是一个比较安全的场所;如楼顶有水箱,可用水浇湿自己的衣服,以抵御火焰的高温熏烤;如果在向楼顶平台逃生的过程中,发现自己被火、烟追赶上且又封锁了向上的道路,此时应果断地改选横向逃生路线,从另一层楼的走廊通道逃生,或退守到该层有利于逃避的房间内,寻求其他的自救方法。

3. 如果所有安全通道均被切断该怎么办?这时唯一的选择是退到相对较安全的卫生间内作短暂避难。被困者进入卫生间后应将门窗关紧,缝隙堵严,拧开所有的水龙头放水。特别是浴缸中应不断放水,始终保持较高的水位,一方面便于取水泼浇门窗降温,另一方面火势发展到卫生间时,人还可以躺在浴缸中暂时躲避一下。

- **地下商场火灾逃生七则**

1.首先要有逃生的意识。如果出入地下停车场、购物店等场所，别忘了看布局图（一般入口处都有），记住安全出口、避难指示等，只有熟悉了周围的环境，才能做到临危不乱。

2.地下商场一旦发生火灾，要立即关闭空调系统停止送风，防止火势扩大。同时，要立即开启排烟设备，迅速排出地下室内烟雾，以降低火场温度和提高火场能见度。

3.浓烟腾出时，由于地下场所排烟性差，会看不清路向，这时应冷静地观察烟气流动的方向，顺着同一方向，沿着墙壁，边移动边寻找出口，因为烟气总是朝出口处流动的。

4.灭火与逃生相结合。严格按防火分区或防烟分区，关闭防火门，防止火势蔓延或人员窒息，把初起之火控制在最小范围内，对初起火灾应采取一切可能的措施将其扑灭。

5.在火灾初起时，地下商场内有关人员应及时引导疏散，并在转弯和出口处安排人员指示方向，疏散过程中应注意检查，防止有人未撤出，已逃离地下商场的人员不得再返回。

6.逃生时，尽量低势前进，不要做深呼吸，可能的情况下用湿衣服或湿毛巾捂住口和鼻子，防止烟雾进入呼吸道。

7.万一疏散通道被大火阻断，应尝试用手机等向外报告自己所处的方位，记得报邻近商铺的门牌号，而不是店名。

城市安全手册

地震逃生方法

• 地震宏观前兆现象

地震前自然界出现的与地震孕育有关的现象称为地震前兆。地震前兆异常有微观异常和宏观异常。微观异常如地形变、地电磁异常等,主要靠高精度科学仪器探测。宏观异常指人们感官能感觉到的异常,主要有地下水异常、动植物异常和地声、地光等异常。

观测微观异常是科学家的工作;而发现临近地震前的宏观异常,则既要靠科学家,也要靠广大群众。由于宏观异常往往在临近地震发生时出现,因此了解它的特点,学会识别它们,对防震减灾有重要作用。

井水变化:天旱井水冒,反常升降有门道。无雨水变混,变色变味又难闻。喷气又发响,翻花冒气泡。这是地下水或井水的宏观前兆现象。当地下水发生变混浊、有异味、井孔变形、泉源突然枯竭或涌出、冒泡等现象时,就可能是地震前的异常反映,井或泉通常成为人们观察地震前兆的"窗口"。当然,很多原因都能引起地下水的异常,地下水也可能受到其他环境的影响而变化。

动物异常:历史上很多大地震前,许多动物表现出程度不一的"异常行为"。所以,老百姓把动物称作观察地震前兆的"活仪器"。老百姓把这些异常编成谚语:骡马牛驴不进圈,挣脱缰绳往外逃。猪不吃

食狗狂叫，兔子竖耳蹦又跳。鸭不下水鸡上树，鸽子惊飞不回巢。冬眠麻蛇早出洞，老鼠成群满街跑。泥鳅、蚂蟥上下窜，鱼浮水面又打旋。蜻蜓结队迁飞去，蜜蜂惊巢蜇人畜。当然，引起动物反常的因素也很多，所以动物有反常表现不一定就是地震前兆。

地光、地声和地动：地光是指大地震时人们看到的天空发光的现象，也是临震前的一种宏观现象。地光的颜色很多，有红、黄、蓝、白、紫等，有的也像电火光。它们的形状各异，有带状光、片形光、球状光、柱状光、火样光等。一般情况下，小地震不易引起地光现象，地光的来临，往往预示着大震很快就要发生了。1975年我国辽宁海城和1976年河北唐山地震前，地光现象非常突出。如果此时能够迅速果断地采取一些避震措施，是有可能躲开地震灾害的。

临近地震发生前，往往有声响自地下深处传来，这就是"地声"。地声一般出现在震前几分钟、几小时、几天或更早；以临震前几分钟出现得最多。据调查，唐山地震前，在没入睡的居民中，有95%的人听到了地声。这些地声比较低沉，忽高忽低，与平日城市噪声全然不同。

地动是指地震前地面出现的晃动。这种晃动与地震时不同，摆动得十分缓慢，地震仪常记录不到，但很多人可以感觉得到。如果发现以上异常，请不要惊慌，不要随意散布，要及时向地震部门报告，地震部门会采取措施及时进行调查核实。

城市安全手册

　　地震来了怎么办,一旦真的遇到了地震,我们应该怎么办呢?在地震来临时不要听信谣言,不要轻举妄动,从携带的收音机等中把握正确的信息。相信从政府、警察、消防等防灾机构直接得到的信息,决不轻信不负责任的流言蜚语,不要轻举妄动。我国多数专家认为,震时就近躲避,震后迅速撤离到安全地方,是应急避震较好的办法。首先,不能惊慌,不要盲动。根据感觉判断地震是大是小,是近震还是远震。一般近震是先上下颠动,后左右晃动,而远震是只有前后左右的晃动感。如果是小震或者远震,我们现在居住的房屋基本都具备抗震能力,大可不必慌乱。

　　其次,要采取正确的躲避地震方法。在不同的地方,避震方法有所不同,下面我们讲讲在学校、家里和公共场所如何躲避地震。

- 学校避震安全提示

　　1.一切行动听从老师的指挥；2.同学之间要互相照顾，大同学要照顾小同学；3.在课桌下避震，有顺序地撤离，千万不要拥挤。

　　假设我们正在教室里上课，突然发生地震了，该怎么办？首先，我们要伏而待定，蹲下或坐下，头部躲进课桌下、讲台旁，绝对不要乱跑。尽量蜷曲身体，降低身体重心。抓住桌腿等牢固的物体。保护头颈、眼睛、掩住口鼻。

　　地震停止后，应当马上在老师指挥下有顺序地撤离，撤离时把书包顶在头上，前后同学要保持一定距离。特别在教室门口、楼梯间等狭窄地方，一定要放慢速度，发现有摔倒的同学要相互帮助，并及时通知后面的同学以免发生拥挤。跑到室外后，要躲在尽量空旷开阔的地方，周围和头顶没有易掉落物的地方。如果我们在操场或室外时，可原地不动蹲下，双手保护头部，注意避开高大建筑物或危险物。千万不要因忘拿某些东西回到教室去。

- 家庭避震安全提示

　　先躲后跑，不要先跑；往牢固地方躲（床下、开间小的地方、有支撑的地方）来得及的话先开门，关煤气、电源等。

　　发生地震时应选择一个安全的地点躲藏，要躲在结实、不易倾倒、能掩护身体的物体下或它的旁边，如桌、床等，也可以赶快跑到开间较小、有支撑的房间去，如：厨房、卫生间等。头靠近墙根，要趴下，使身体重心降到最低，脸朝下，不要压住口鼻，同时抓住身边牢固的物体，也可以蹲下或坐下，尽量把身体蜷曲起来。有可能时，随手抓住纺织品如枕头、毛巾等捂住鼻子，护住头部和颈部，以免被砸伤或被烟尘呛闷窒息。如有可能，要远离外墙、阳台及门窗，如果来得及，要先打开门，以保证通道畅通。关闭煤气开关、电闸，不要随便点明火，以免次生灾害的发生。震动停止后迅速跑出房屋，撤离到安全地带，以防强余震。

城市安全手册

- **公共场所避震安全提示:**

听从工作人员指挥;不要急于涌向出口,保持跟前面人的距离;如果遇到拥挤,解开领扣,双手交叉胸前,护住胸口。

地震发生后,要远离高大建筑物、广告牌、电线杆、高压线、变压器、易燃、易爆设施等危险场所,遇火情不可处于下风,要尽量躲避在上风处。不要在狭窄的地方停留,选择开阔、安全的地方蹲下或趴下,以防摔倒,不能乱跑。

如果附近有应急避难场所,要在大人的引导下赶赴避难场所。地震应急避难场所一般依托公园、绿地、操场、广场建设,里面具备突发应急事件应急的基本功能。比如,应急指挥、应急物资发放、应急棚宿、应急厕所等。

地震发生后,还要注意以下几个问题:不要随便点灯火,因为空气中可能有易燃易爆气体。

不要急于打电话,以免线路拥挤,影响救灾指挥通讯。高层楼房的人员逃生时不可使用电梯,不要向阳台跑,不能跳楼,也不要急于涌向楼梯口,容易造成挤踏。

• 地震中的自救互救

当灾害来临时,我们不仅要掌握灾害基本知识,更要懂得自救的基本技能,了解自救、互救的基本措施。地震发生后自救互救,越早越好。据统计,唐山大地震时,被压埋的人数为57万人,通过自救、互救脱险的人数达45万人左右。一般来说大地震后半小时内救出的被埋人员生存率达99%,由此可见,自救是减少伤亡的主要措施之一。

下面我们来简单学习关于自救和互救的知识。

自救:地震时,首先要保持头脑冷静,应立即躲避到承重墙较多之处如开间小的厨房、厕所、墙角,或躲在坚固的家具、工作台、机器下面,要尽量放低姿势,头上最好覆以棉被衣服之类软物,以避砸伤。要求被埋压人员:有坚定的生存毅力,消除恐惧心理,相信能脱离险地;不能脱险时,应设法将手脚挣脱出来,尽量用湿毛巾、衣物或其他布料捂住口、鼻和头部,防止灰尘呛闷发生窒息,也可以避免建筑物进一步倒塌造成的伤害;保持头脑清醒,不可大声呼救,用石块或铁具等敲击物体来与外界联系,保存体力,延长生命,等待求援。如果受伤,要想法包扎,避免流血过多。

互救:救人的主要方法有:挖掘被埋压人员应保持支撑物,以防进一步倒塌伤人;使伤者先暴露头部,清除其口鼻内异物,保持呼吸畅通,如窒息,立即进行人工呼吸;被压者不能自行爬出时,不可生拉硬扯,以免造成进一步受伤;脊椎损伤者,搬运时,应用门板或硬担架;当发现一时无法救出的存活者时,应立下标记,以待救援。

总之,救人要讲科学。一般应遵循先近后远、先救人后埋尸体、先易后难、先浅后深、先救命后救人、先排险后施救助等原则。

城市安全手册

紧急电话号码集锦

1.国内紧急电话号码

中国大陆：警察110、火警119、救护车120、交通事故122

香港：紧急求救电话999、澳门：紧急求救电话000

2.国外紧急电话号码

亚洲

新加坡：紧急呼叫999、火警995、警察999、救护车999

马来西亚：紧急呼叫112、火警994/992、警察999、救护车999

泰国：紧急呼叫191、火警199、警察195

印度：警察100、救护车102、火警101、交通警103

伊朗：110

以色列：警察100、救护车101、火警102

日本：警察110、火警119

大洋洲

大洋洲、澳大利亚：000（若使用移动电话，您必须告诉操作员您在哪个洲。）

新西兰：111

欧洲

欧洲多数常用紧急数字：112 适用于奥地利、比利时、克罗地亚、塞浦路斯、捷克、丹麦、芬兰、德国、希腊、爱沙尼亚、法国、冰岛、爱尔兰、意大利、拉脱维亚、列支敦士登、立陶宛、卢森堡、荷兰、挪威、波兰、葡萄牙、斯洛文尼亚、西班牙、瑞典、瑞士、土耳其、英国

奥地利：警察133、救护车144、火警122

比利时：通用紧急112、警察101、火警和救护车100

克罗地亚：警察92、救护车94、火警93

塞浦路斯：通用紧急112、199

捷克：警察158、救护车155、火警150

芬兰：通用紧急112、警察10022

法国：通用紧急112、警察17、救护车15

英国：通用紧急 999、112

爱尔兰：通用紧急固定电话 999、移动电话 112

挪威：警察 112、火警和救护车 110

德国：警察 110、火警或救护车 112

意大利：警察 113、救护车 118、火警或灾害 115

波兰：警察 997、救护车 999、火警 998

葡萄牙：112

俄国：警察 02、救护车 03、火警 01、气体泄漏 04

斯洛伐克：警察 158、救护车 155、火警 150

瑞士：警察 117、救护车 144、火警 118

立陶宛：警察 02、救护车 03、火警 01

北美洲

加拿大：911

墨西哥：060 或 080

美国：911

南美洲

玻利维亚：救护车 118、警察 110

巴西：警察 190、救护车 192、火警 193

3. 旅外国人救助，全球免费电话 800-0885-0885（24 小时接听）

城市安全手册

交通事故

第一个看到交通事故发生的人，往往不是民警，也不一定是医务人员，然而交通事故的伤员必须在现场进行紧急处理。于是热心的人们便会自行组织起来救护伤员，这时如果你在场，你可知道该怎么办才适宜吗？

此时当务之急首先是设法打电话或派人去报告交通监理部门，把出事的时间、地点、伤亡情况等告诉他们，并设法通知就近的医疗卫生单位，请求派出救护车和救护人员。

对于伤员则不必急于把他们从车上或车下往外拖，而应该首先检查伤员是否失去知觉，还有没有心跳和呼吸，有无大出血，有无明显的骨折；如果伤员已发生昏迷，这时可先松开他们的颈、胸、腰部的贴身衣服，把他的头转向一侧并清除口鼻中的呕吐物、血液、污物等，以免引起窒息，如果心跳和呼吸都停止了，应该马上进行口对口人工呼吸和胸外心脏按压。

如果有严重外伤出血，可将头部放低，伤处抬高，并用干净的手帕、毛巾在伤口上直接压迫或把伤口边缘捏在一起止血；如果发生开放性骨折和严重畸形则易于发现，但是由于穿着衣服有时难以

发现,所以不应急于搬动病者或扶其站立,以免骨折断端移位,损伤周围血管和神经。如果病人发生昏迷、瞳孔缩小或散大,甚至对光反应消失或迟钝,则应考虑有颅内损伤情况,必须立即送医院抢救;至于一般的伤员,可根据不同的伤,给予早期处理,让他们采取各自认为恰当的体位,耐心地等待有关部门前来处理。

随着汽车逐渐进入到我们的生活中,它不但可以提供愉悦的驾驶乐趣,还可以带来舒适的乘坐感受,然而我们还要看到它的危险性,在中国每年因为车祸失去生命的人超过很多疾病,这是一个非常可怕的数字。我们在学会正确使用车辆的同时还需要了解一些最基本的安全知识,并且当遭遇车祸时了解应该如何逃生也是每一个驾驶员和乘客需要牢记的,下面我们就来简单地说说这方面的知识。

其实,我们谁也不想发生意外,谁也不愿意主动地发生事故,但有的车祸却是从天而降,我们根本无法避免,所以当发生车祸时,掌握一些求生知识,可以帮助你在困境中逃生。在这里谈到的车祸,基本上指的是车内的成员还有生命迹象,或者不是非常严重的车祸。当然,在原地等待救援肯定是正确的做法,但是如果车辆有爆炸或者起火的危险,那么原地等待无疑就是在送死，所以如果有能力还是要尽最大的努力先逃离被撞车辆。

在介绍所有的求生知识前，我们还是要重点说明一下那个老生常谈的问题，只要在车上就应当随时系紧安全带，因为无论是静止被撞还是行驶中撞击，安全带是最有效的安全设施。除此之外，建议大家还是要遵守交通法规，不超速、不违章行驶，将发生事故的概率降到最低，求生的技巧无处施展才是最好的。

当车辆发生事故后，如果没有受到重大伤害身体状况良好的情况下，应迅速地逃出车外，不要在车内停留，因为被撞车辆随时有可能发生爆炸或起火的情况。而如果身体受到重伤或无法移动，应迅速地找到移动电话，拨打救援电话来寻求帮助。中国大陆地区统一的道路交通事故报警台电话号码为122。

在打碎车窗之前需要保护好自己的身体和双眼，因为在侧翻的状态下，只能打开朝上的玻璃，而侧面车窗的玻璃并不是钢化玻璃，打碎以后会非常的锋利，很容易对身体造成伤害，因此要对裸露在外面的部分进行保护，防止被玻璃划伤。在打碎玻璃逃出时，也要特别注意，建议能够清理一下遗留在车门上的玻璃

碎渣,用衣服或者布打扫干净,以免在爬出的时候划伤。

我们这里用侧翻的车辆作为例子,其实不管是什么状态,只要车辆撞击后车门无法打开,那么就要通过车窗、天窗逃生,不要过多地顾及财物、车内物品,最快时间地逃离车辆才是关键,因为生命只有一次。

• 行车途中失火的处理方法

车辆在行驶过程中发生火灾,驾驶员要马上停车熄火,并立即离开驾驶室。如果驾驶室门无法打开,可以从挡风玻璃处逃离。若是公共汽车失火,司售人员要及时打开车门,组织乘客迅速下车。如果着火范围较小,可用车上现有的物品进行覆盖;如果着火面积大,又无灭火器时,应用路旁的沙土、冰雪进行覆盖或堵截过往车辆,索取灭火器材。如果火情危及车上货物时,应在扑救的同时,迅速把货物从车上卸下。但无论何种情况,都必须做好油箱的防火防爆工作。

若汽车失火危及周围群众或引起更大灾害时,在灭火的同时,汽车必须驶至安全区域。当汽车着火危及周围房屋、电线电缆以及易燃物品时,应隔离火场,采取措施以防火焰蔓延,减少损失。在扑救时,驾驶员及其他人员应脱去身上穿的化纤衣服,以免对皮肤造成更大伤害。

汽车在行驶过程中因事故或违章操作等因素失火时,若不及时救助并扑灭火源,

城市安全手册

其后果是十分严重的。

汽车发生火灾,究竟是救还是逃,要视情况而定,一般来讲,私家轿车3分钟内的火灾可能自行扑灭,如果燃烧超过三分钟,危险太大,还是弃车逃生为妙。车主在行车过程中,一旦闻到焦臭味或者看到烟雾,应立即在安全地方停车,并关闭电源,这很重要,因为这可以切断汽车点火和喷油,减少着火概率或者降低损害。然后拉紧手刹,离开车辆,查明原因。发现火情后,根据情况采取下一步行动。

小火赶快灭:汽车火灾通常是从一个部位开始着火然后蔓延的,如果发现得早,火灾还仅限于小部位的起火,而且只有轻微的烟雾,这时候一般用自己车上的灭火器就可化解危机。如果没有灭火器,可向他人求助,并且用毛毯、沙子掩盖火源,也可能扑灭火灾。

中火讲方法:如果发动机舱已经开始冒烟并且有火苗从缝隙中蹿出,那么火势已经发展到了比较严重的程度,不要打开引擎盖,以防空气对流加大火势。这时可拉开锁止扳手,让引擎盖漏一条缝,然后往里面喷灭火剂,等到没有烟雾时方可停止。这时才能打开引擎盖,进行清理工作。

• 交通事故撞伤急救四招

交通事故发生后，现场紧急抢救是否妥当，直接关系到伤者的生命安危，所以说对每位驾驶员来说掌握一定的医学常识，遇事不慌，正确地抢救是十分重要的。

肌肉撞伤。马上停止活动、休息，不要让受伤的关节再负重，以减少出血。用冷水冲或冰块冷敷受伤部位，减少血液循环，预防出血、瘀血。

撞伤的急救和心肺复苏。伤后1小时是决定生死的关键，正确判断病人的呼吸状况、循环灌注和控制出血极为重要，查看病人是否出现呼吸浅促、抽搐现象，如果出现上述现象，说明病人生命有危险，应采取紧急救治，首先保持呼吸道通畅，维持呼吸，除口腔内出血、呕吐物和其他分泌物，可抬起双颊使呼吸道通畅。在不影响急救情况下，协助伤员平卧、头偏一侧，以防止误吸。

内伤救治。车祸撞伤等钝挫伤容易出现隐匿伤，病人表面"正常"，但很快出昏迷、呼吸困难、口鼻出血等危及生命的征兆，如肝、脾、肾破裂出血，心肌损伤、创伤性湿肺、血气胸等，千万不要被表面现象蒙蔽，应及时送医院抢救。

断肢救治。不要急欲将肢体从机器上撕拽，应立即停车拖开卡压车辆后移出肢体、止血、固定肢体，防止断肢因移动而损伤血管、神经、内脏，让伤者躺下，将一块纱布或清洁布块放在断肢伤口上，再用绷带或其他绷带固定包扎，入院急救。

城市安全手册

中毒急救

- 煤气中毒

一氧化碳中毒的机理：一氧化碳是一种剧毒的窒息性毒物，主要是破坏人体的供氧过程，从而引起种种缺氧窒息症状。我们知道，氧气是通过人体的呼吸系统，经由鼻腔（口腔）、咽喉、气管、支气管及各级细支气管到达肺泡；在肺泡内进行气体交换进入血液；在血液中与红血球中的血红蛋白结合生成氧合血红蛋白，经血液循环输送到全身各组织器官；再经过组织中的气体交换才得以进入细胞；氧气在细胞内作用，将蛋白质、脂肪等养料转化为能量以维持人体的生命活动，同时生成二氧化碳和水。这就是氧气的摄取、运输和利用的概要过程。这一过程中任何一个环节受到破坏，都能影响人体的供氧，从而引起种种缺氧表现。

一氧化碳主要通过呼吸道进入肺泡，通过气体交换作用进入血循环，并与血液中红血球的血红蛋白结合生成碳氧血红蛋白。血红蛋白所能结合的一氧化碳数量，与血红蛋白所能结合的氧数量相同，结合的部位亦相同，而且碳氧血红蛋白与氧合血红蛋白一样，是可以解离的化合物，当停止吸入一氧化碳时，也就是当肺泡气中的一氧化碳分压小于血液中的一氧化碳分压时，碳氧血红蛋白中的一氧化碳则与血红蛋白解离，从血液中逸出并随呼气排出体外。

一氧化碳是一种剧毒性的窒息性气体。

1.一氧化碳在血液循环中所生成的碳氧血红蛋白丧失了携氧能力，如果生成碳氧血红蛋白数量稍多，即会明显降低血液的携氧能力，从而造成全身各组织器官的缺氧。由于一氧化碳对血红蛋白的亲和力远远大于氧对血红蛋白的亲和力（两者相差大约200-300倍），且能将血红蛋白中的氧排挤出去，自身与之结合，因此即便吸入的空气中存在少量的一氧化碳，亦能形成大量的碳氧血红蛋白而造成全身缺氧。吸入浓度约为0.08%的一氧化碳即可使全身一半的血液丧失携氧功能，可见其毒性之剧烈。

2. 碳氧血红蛋白虽然可以解离,但解离的速度很慢,相当于氧合血红蛋白解离速度的1/3600左右,因此,一旦吸入一氧化碳,其毒性作用持续的时间较长。据有关资料介绍,停止吸入一氧化碳后,患者吸入正常的空气,其血液中碳氧血红蛋白减少一半的时间大约为320分钟,其全部解离需一昼夜。吸入氧气可使一氧化碳的排出大为加快,使吸入的一氧化碳排出一半的时间减少为80分钟,数小时内即可全部解离。

3. 形成的碳氧血红蛋白不仅自身失去了携氧的功能,而且还可阻碍氧合血红蛋白的解离,使其携带的氧气亦不能释出供组织利用,更加重组织缺氧。

4. 一氧化碳对二价铁的高度亲和力,可以进入细胞与还原型细胞色素氧化酶(含二价铁)结合,直接抑制细胞呼吸。

5. 一氧化碳可与体内其他含有二价铁的物质(如血浆铁蛋白、肌红蛋白等)结合,如与肌红蛋白结合则使肌红蛋白对氧的结合受阻,从而大大降低肌肉的储氧量,减低肌肉的收缩功能,故一氧化碳中毒后全身乏力极为明显。

6. 一氧化碳本身不会引起特殊的病理损害,组织损伤的原因皆由缺氧所致。而一氧化碳中毒受损最严重的组织乃是那些对缺氧最敏感的组织,如脑、心、肺及消化系统、肾脏等。这些病理变化主要原发于血液循环系统的变化,如充血、出血、水肿等,而后由于营养不良而发生继发性改变(如变性、坏死、软化等)。

一般来说,一氧化碳中毒症状的轻重与血液循环形成的碳氧血红蛋白的多少有密切关系;而血液中碳氧血红蛋白的多少又和吸入的一氧化碳浓度以及吸入时间有很大关系。此外还有一些因素对一氧化碳的毒性有很大影响,例如:随着每分钟呼吸量、心搏出量和组织对氧的需求量的增大,一氧化碳的毒性亦增强,故体力活动量大时对一氧化碳的吸入尤其不能耐受;甲亢病人及新陈代谢较高的儿童和孕妇等

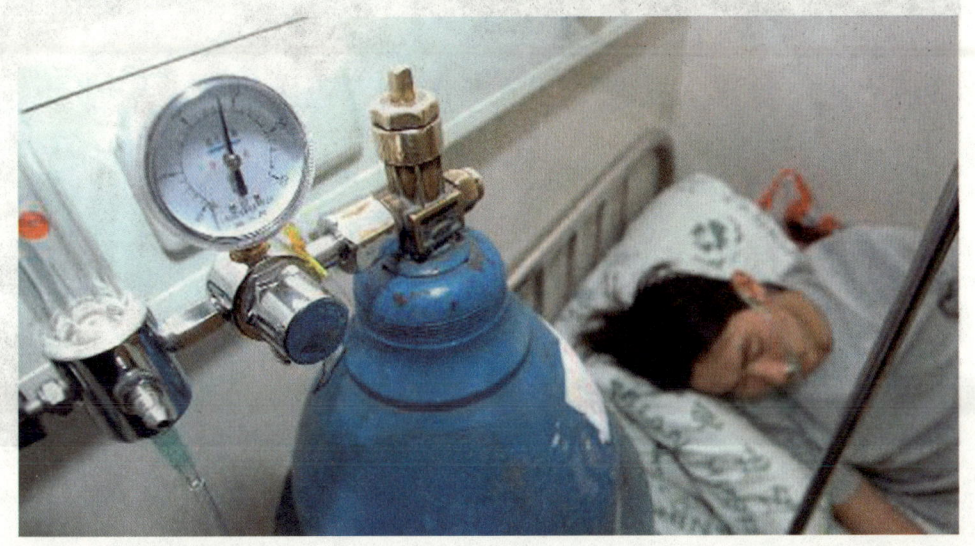

城市安全手册

对一氧化碳更为敏感。

一氧化碳中毒的症状：一氧化碳急性中毒，是指含一氧化碳浓度高，在较短的时间内吸入大量一氧化碳而表现的中毒症状。一氧化碳急性中毒，按其中毒程度及症状可分为如下三种：

1. 轻度中毒：多因持续吸入低浓度的一氧化碳所致。患者有全身缺氧反应，如剧烈头痛、眩晕、心悸、胸闷、恶心、呕吐、耳鸣、视物不清、全身无力、两腿沉重软弱等。此种病人如能迅速脱离有毒现场，立即吸入新鲜空气，症状大都能很快消失，一般不发生昏厥或有很短时间的昏厥。虽有上述名显症状，但除有脉搏加速外，一般无明显体征可见，如在中毒时即刻抽取血液化验，其碳氧血红蛋白含量多在20%以下。

2. 中度中毒：上述一氧化碳中毒发生后，患者仍继续停留在有一氧化碳的环境中或短时间吸入高浓度的一氧化碳，则前述症状明显加重，而且全身疲软无力，双腿沉重麻木不能迈步，最初意识还可保持清醒，但想离开危险区域而力不从心，不能自救；继而很快嗜睡麻木、意识模糊、大小便失禁；进而昏迷。此期可见皮肤、黏膜呈樱桃红色（面颊、前胸、大腿内侧尤为明显），呼吸和脉搏加速可分别达40次/分钟及120次/分钟；昏迷较深者有对光反射迟钝、腱反射减弱或消失、腹壁反射减弱或消失、痛觉反应减弱等；有时可发现心律不齐、血压偏低、呼吸不整等情况；个别病人尚可出现抽搐及全身强直。此期病人昏迷大多在6～8小时恢复，一般不伴有合并症出现，经及时抢救治疗，

可多在数日内痊愈，一般无后遗症出现。在中毒当时抽取血液化验，其血液中碳氧血红蛋白含量多在30%～40%左右。

3. 重度中毒：中度一氧化碳中毒病人继续吸入一氧化碳致使病情发展而成重度中毒，亦可在短时间内吸入大量高浓度的一氧化碳而引起。此时患者可无任何不适而很快意识丧失，进入昏迷，有的立即死亡。此期的特点是昏迷程度较深，持续时间较长（多持续10～12小时以上），而且常并发各种缺氧性损伤，如休克、脑水肿、呼吸循环衰竭、心肌损害、肺水肿、高热、惊厥等，治愈后常有后遗症发生。若及时测定其血液中碳氧血红蛋白，其浓度多在50%以上。

煤气中毒人员的急救：

1. 将中毒者安全地从中毒环境内抢救出来，迅速转移到通风保暖处平卧，解开衣领及腰带以利其呼吸顺畅，同时呼叫救护车，随时准备送往有高压氧舱的医院抢救。

2. 在等待运送车辆的过程中，对于昏迷不醒的患者可将其头部偏向一侧，以防呕吐物误吸入肺内导致窒息，为促其清醒可用针刺或指甲摁其人中穴，若其仍无呼吸则需立即开始口对口人工呼吸。如果患者曾呕吐，人工呼吸前应先消除口腔中的呕吐物。如果心跳停止，就进行心脏复苏。必须注意，对一氧化碳中毒的患者这种人工呼吸的效果远不如医院高压氧舱的治疗，因而对昏迷较深的患者不应立足于就地抢救，而应尽快送往医院，但在送往医院的途中人工呼吸绝不可停止，以保证大脑的供氧，防止因缺氧造成的脑神经不可逆性坏死。

城市安全手册

- 化学灼伤、创伤、中毒急救

1. 常用的急救物及药品：急救箱内应常备有下列物品：镊子、各种不同宽度的绷带、软布、纱布、药棉、胶布、剪刀、洗眼瓶。

急救箱内应常备有下列药品：红汞及碘酒、紫药水、烫伤膏、酒精、碳酸氢或稀氨水、亚硝酸异戊酯或丁酯、泻药、催吐剂、腐蚀烫伤处理类的药品。

2. 休克：将患者移到通风处仰卧，稍稍垫高下肢，同时保持患者体温，不要使其发汗，解开患者颈部、胸部及腰部衣物。患者休克轻微，可进茶或咖啡。若不省人事，一定不要给予饮料；患者若昏厥，应立即召救护车，同时使患者仰卧，欠起头部及肩部，并使头部侧向一旁，若发觉患者呼吸困难，使之仰卧，以便液体从口中流出，如患者呼吸停止，应立即进行人工呼吸。

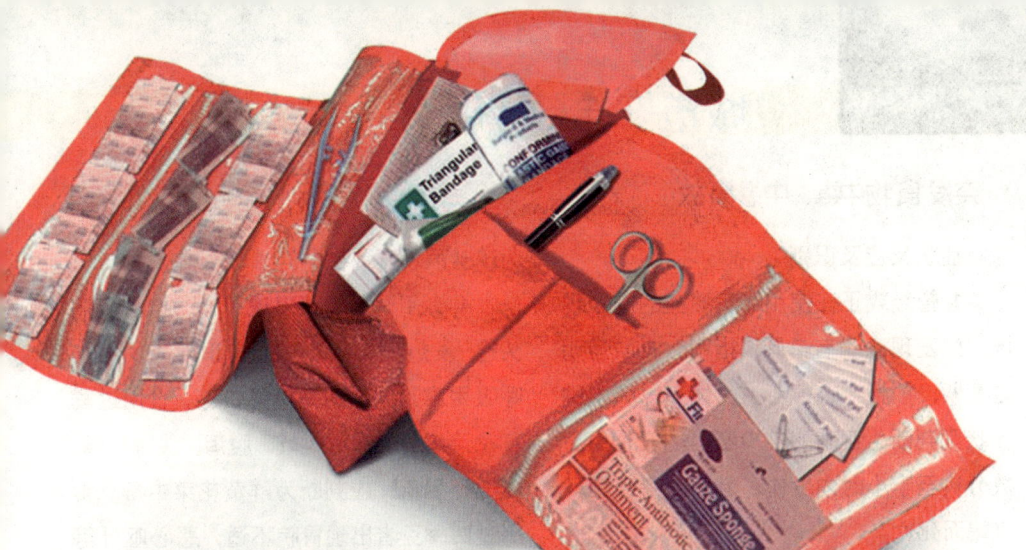

3. 触电：立即截断有关电源，帮助触电者离开电源。若因触电而窒息时，应立即进行人工呼吸。触电后1分钟内接受人工呼吸，获救率可达90%，若迟至6分钟，获救率只有30%。

4. 割伤与扎伤：小伤止血会自己消毒，所以，有时要挤伤口，使脏物流出。再用水冲走外物，然后用药棉蘸消毒水洗伤口。如有玻璃时，可在自来水下冲走，或取出，然后用消毒水消毒，再涂上消毒药，用纱布包好，或贴上创可贴等。如有大玻璃片等深入内部，应到医院处理，千万不要压此伤口。有伤口的地方不能用红汞水（红药水）消毒。

5. 烧伤与烫伤：烧伤程度分三级，一级皮肤红肿，二级起泡，三级表面破坏。火焰、热物、电伤轻微时：用1%的碳酸钠溶液洗，然后涂上烫伤膏，包扎好即可。化学物灼伤：立即用大量水冲洗，如果药品不溶于水，用洗衣粉温水（勿用热水）冲洗，具体做法：酸灼伤可用碳酸氢钠溶液清洗并浸泡，彻底中和后涂油氧化锌软膏。碱灼伤：水洗后，用5%氯化铵溶液，或饱和硼酸溶液，或2%醋酸溶液洗，待冲洗干净后，涂上软膏，包扎好。磷元素的灼伤：先用大量水洗，用2%碳酸钠及3%硫酸铜，交替涂抹数次，再用2%的碳酸钠洗，最后用湿纱布包好。钠及钾灼伤：先将沾在伤口处的金属除去，然后按碱灼伤处理。溴灼伤：先用水洗，用氨水（1%）（也可用稀甘油或亚硫酸氢钠溶液、海波溶液）与溴反应，包好后到医院。

6. 眼部受伤：眼睛如接触刺激性药品气体，或溅入腐蚀性液体，应立即用大量水冲洗，伤者要睁开眼睛，转动眼球洗，立即召救护车去医院。

7. 吸入毒气：首先将病人移到空气流通处，保持休息及温暖。病情严重时，立即上医院。如吸入氯仿、氧化氮等麻醉性气体，摇喊患者使其清醒，并给病人饮茶或咖啡。如吸入氯气、溴气等而致中毒，患者应吸入稀薄氨水的氨气，并给予饮用牛奶，同时检查皮肤和眼睛是否被灼伤。

城市安全手册

• 突发食物中毒、中暑事故

症状反应及识别：

1. 曾经或正在使用亚硝酸盐的施工现场，如发现人员有口唇、指甲、皮肤呈明显青紫，抽搐，心律不齐，休克，肺水肿症状则判断为亚硝酸盐中毒，一般食用后数分钟至半小时内发作，最后因呼吸循环衰竭而死亡。

2. 食用鱼、肉类、谷类、海产品罐头后，如发现头痛头晕、眼睑下垂、瞳孔扩大、视力模糊、复视、斜视、等症状，严重者可出现咀嚼，吞咽及呼吸困难，另外还有呛咳、声嘶或失音，共济失调等表现，一般胃肠道症状较轻，可有恶心、呕吐、腹胀等，则应判断为肉毒急性食物中毒。

3. 食用海产品、咸蛋、咸肉、盐渍菜等后中毒者，出现主要为胃肠道症状，如有恶心、呕吐、腹痛腹泻等，黄色水样便，部分为洗肉水样便，严重者可有脱水电解质紊乱、神志不清、声嘶等现象，应判断为嗜盐菌急性食物中毒。

4. 食用过马铃薯出现恶心、重者头痛头昏、发热、惊厥、谵妄、意识不清、昏迷、呼吸困难则判断为马铃薯中毒。食用过鲜黄花菜者出现恶心呕吐、腹泻、头昏头痛、口干等现象，应判断为鲜黄花菜中毒。食用过四季豆者出现胃脘不适，恶心呕吐等现象应判断为四季豆中毒。

5. 暑期施工在高温露天环境极易发生中暑现象，中暑是因过热而引起的一种急性疾病，按发病机理可分为热射病、日射、痉挛和热衰竭四种病型：热射病是中暑中最严重的一种，病情危急，死亡率高，其表现主要特点为高热及中枢神经系统症状，开始时大量出汗，以后出现无汗，并伴有皮肤干热发红，多数病例骤起昏迷，肛温在41℃以上。出现头晕、剧烈头痛、眼花、耳鸣、恶心、呕吐、兴奋不安或意识丧失，同时体温升高，应判断为日射病。

出现肌痉挛、肌肉缩痛，重者剧痛难忍，一般情况下，体温正常神志清醒，应判断为热痉挛病。出现先有头晕、头痛、心悸、恶心、呕吐、大汗、皮肤湿冷、脉搏细弱、血压下降、面色苍白等症状，严重时产生晕厥，应判断为热衰竭。

6. 从事油漆、防水作业或接触苯液人员出现轻度苯中毒时会有头痛、头晕、流泪、咽干、咳嗽、恶心呕吐、腹痛腹泻、步态不稳及面色苍白等症状，中重度苯中毒者上述状况加重，可有神志恍惚、昏迷、发绀、抽搐、肌肉震颤、血压下降，甚至呼吸衰竭休克。

7. 桐油中毒多发生将桐油误作食用油食入而中毒，中毒时胃肠道症状最早发生，主要有恶心呕吐、腹痛腹泻等，另外还有头痛或头晕、手脚与口唇发麻、心跳加快、呼吸困难，重者可有四肢抽搐、喉肌痉挛及昏迷、休克等。

8. 其他不明原因引起的不良反应送医院急诊。

对症应急处置措施：

1. 凡现场发现第一例下述情况：亚硝酸盐中毒、肉毒急性中毒、嗜盐菌急性中毒、马铃薯中毒、鲜黄花菜中毒、毒磨中毒、四季豆中毒、桐油中毒、不明原因引起的严重不良反应，现场应急抢险组织负责人要立即意识到突发中毒事件的严重性，因这些中毒多属群体性，凡同在一处就餐的人全将是中毒者，只不过是迟早迟晚的问题。为此，施工现场应急抢险组织负责人得到报告后，要将情况速报该机构突发事件抢险指挥部，协助处理，同时安排对外联络组速报卫生防疫部门紧急处理。

城市安全手册

2. 从事油漆、防水作业及接触苯液等人员发现中毒后，轻度中毒的，可由现场应急抢险医疗救护组先进行紧急医疗救治后，送医院进一步治疗。

3. 发生食物中毒时，现场突发事件应急抢险组负责人及时组织善后处理组封闭中毒人员用餐的食堂，为找事故原因提供依据。

4. 现场突发事故应急抢险组织负责人，安排抢救队组并认真搜寻现场各角落有可能中毒的人员集中待处理，特别是对从事塔吊、外电梯、电气焊等机械操作人员强制断电停机下岗，以防病情发作，造成操作失误引起的其他事故。

5. 现场突发中暑事件后，现场突发事件抢险组负责人要及时安排现场医疗救护组实行救治，安排对外联络组紧急联系医院救治。

中毒、窒息事故应急处理措施：

1. 中毒、窒息事故可分为两种情况，其一是进入设备、容器、池、沟等密闭空间，进行检查、检修等作业和抢修、堵漏、救人等作业；其二是泄漏事故的抢修、堵漏作业。

2. 在密闭空间作业时监护人等发现有中毒、窒息情况时，不能贸然下去抢救，必须立即采取作业前准备的各项急救措施。使用通风设施、防毒面具、绳索、梯子等等。发生着火时，不能用二氧化碳、四氯化碳等窒息性灭火器扑救。总之，不能使事故扩大。

3. 对于有毒物泄漏空间的救援作业，

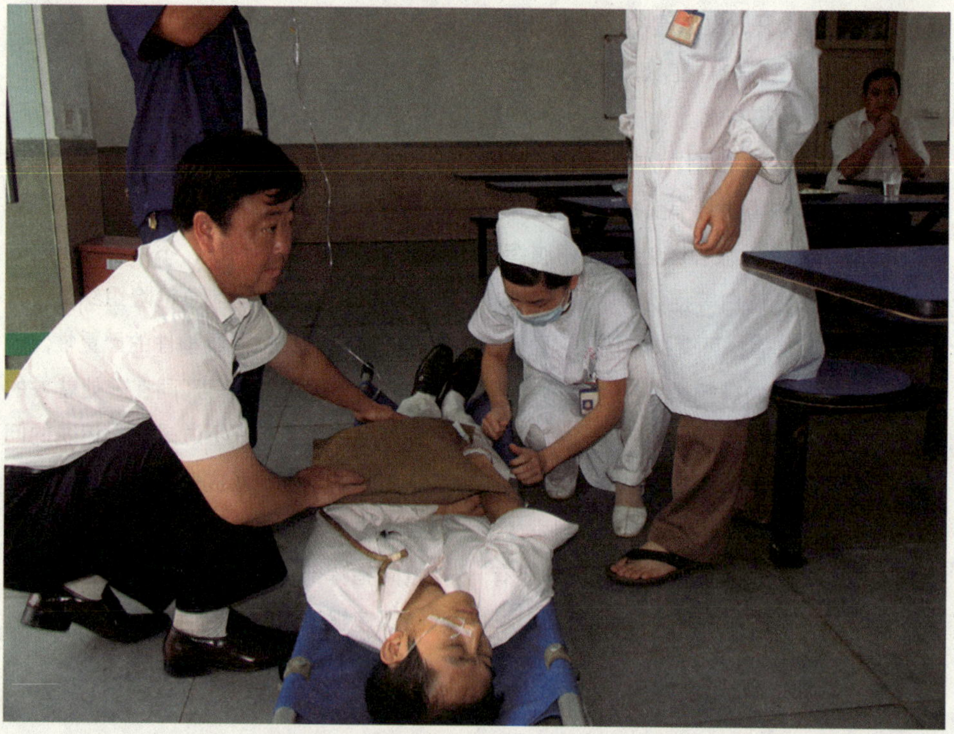

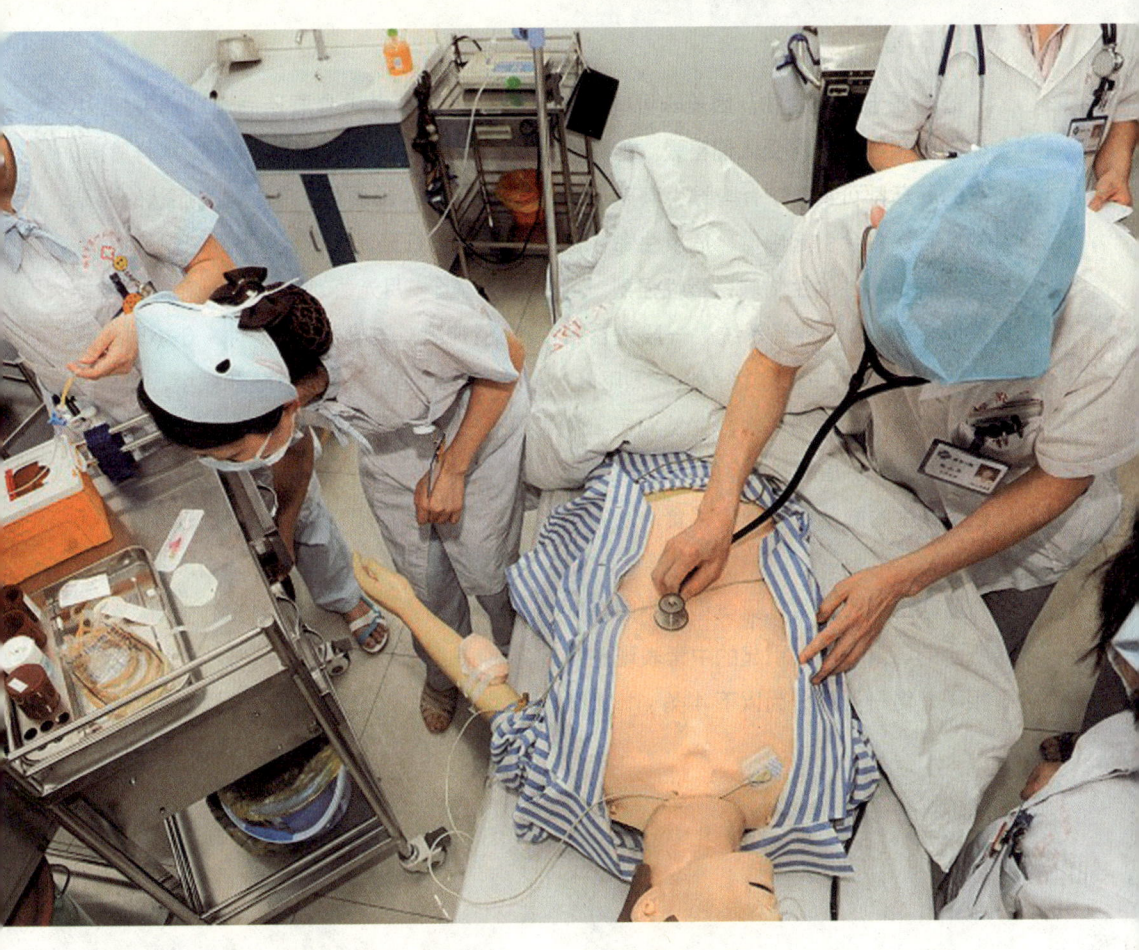

首先佩戴防毒护品，全面打开门窗通风，并携带防毒护品，给被救人员和伤员佩戴，协助他们或救助他们脱离污染区。要注意救护过程中，防止产生静电、着火、爆炸等二次灾害。

4.伤员转移至通风处，松开衣服。当伤者呼吸停止时，施行人工呼吸；心脏停止跳动时，施行胸外按压，促使自动恢复呼吸。

5.尽快送往临近医院救治或拨打120急救电话，拨通救护电话后，要讲清"三要素"：讲清危重病人所在厂区的详细地址；讲清灾害性质、受伤人数、伤害原因；说明中毒或窒息缘由，便于医院做好应急抢救准备。讲清报警人的姓名和电话号码。

医疗部门电话打完后，应立即到路口迎候救护车，注意不要先挂电话。护送前及护送途中要注意防止休克。搬运时动作要轻柔，行动要平稳，以尽量减少伤员痛苦。

113

城市安全手册

• 蘑菇中毒

蘑菇属于菌类食物，因美味可口且富含矿物质和纤维而深受人们喜爱。但并非所有的蘑菇都可食用，有些野生蘑菇是有毒的，若误食会引起中毒、危及生命。毒蘑菇含有植物性的生物碱，毒性强烈，可损害肝、肾、心及神经系统。一般进食后1～2小时即出现中毒症状。如：剧烈呕吐、腹泻、腹痛痉挛、流口水，突然发笑、进入兴奋状态，手指颤抖、有的可出现幻觉。所以，野生的蘑菇不要随便采食，以免发生中毒。

蘑菇中毒的4种常见类型：不同毒蘑菇所含的毒素不同，引起的中毒表现也各不相同，但一般可分为以下4类：1.胃肠型，此型患者进食蘑菇后10分钟～2小时出现无力、恶心、呕吐、腹痛、水样腹泻。恢复较快，预后好。产生此类症状的蘑菇很多，如红菇、乳菇、牛肝菌、橙红毒伞、毒光盖伞、月光菌、蜡伞、环柄菇等。2.神经精神型，进食后10分钟～6小时出现胃肠炎型症状外，尚有瞳孔缩小、唾液增多、兴奋、幻觉、步态蹒跚等。3.溶血型，潜伏期6～12小时，病人往往先出现恶心等症状，后出现溶血性黄疸、肝部肿大等，少数病人会出现血红蛋白尿，经肾上腺皮质激素治疗后可很快控制病情。4.肝肾损害型，进食后10～30小时出现胃肠炎型表现。部分患者可有一假愈期，然后

出现以肝、脑、心、肾等多脏器损害的表现，但以肝脏损害最为严重。部分患者可有精神症状。一般病程2~3周。病死率高。

误食毒蘑菇后大约经过0.5~0.6小时的潜伏期出现恶心、呕吐、剧烈腹泻和腹痛等症状，可伴多汗、流口水、流泪、脉搏等表现，或黄疸、贫血、出血倾向等体征，少数患者发生谵妄、呼吸抑止，甚至昏迷、休克死亡。中毒后，应采取以下急救措施：呼叫救护车急救。立即拨打急救电话呼叫救护车赶往现场，并保留毒蘑菇样品供专业人员救治参考。

催吐、洗胃和导泻：为减少毒素的吸收，让中毒者大量饮用温开水或稀盐水，随后把手指伸进咽部催吐，可反复多次。

补水：催吐后，为防止反复呕吐发生的脱水，最好让中毒者饮用盐水和加入食糖的"糖盐水"，以补充体液的丢失，防止休克的发生。

防止窒息：对已发生昏迷的患者不要强行向其口内灌水，防止窒息。为患者加盖毛毯保温。

特别提示：民间有各种鉴别蘑菇是否是毒蘑菇的方法，但总的看来这些方法并不可靠。最有效的毒蘑菇鉴别方法是形态学鉴定，但这种鉴定方法普通群众难以掌握。所以不要自行采摘、食用野菇，也不要在移动商贩处购买干或新鲜的蘑菇。

城市安全手册

触电急救

发生触电时,现场急救具体方法如下:

1.迅速解脱电源:发生触电事故时,切不可惊慌失措,束手无策,首先要马上切断电源,使病人脱离电流损害的状态,这是能否抢救成功的首要因素,因为当触电事故发生时,电流会持续不断地通过触电者,从影响电流对人体刺激的因素中我们知道,触电时间越长对人体损害越严重,为了保护病人只有马上切断电源。其次,当病人触电时,身上有电流通过,已成为带电体,对救护者是一个严重威胁,如不注意安全,同样会使抢救者触电。所以,必须先使病人脱离电源后方可抢救。

使病人脱离电源的方法有很多:出事地附近有电源开关和电源插头时,可立即将闸刀打开,将插头拔掉,以切断电源。但普通的电灯开关(如拉线开关)只能关断一根线,有时关断的不一定是相线,所以不能认为是关断了电源。当有电的电线触及人体引起触电,不能采用其他方法脱离电源时,可用绝缘的物体(如木棒、竹杆、手套等)将电线移掉,使病人脱离电源。必要时可用绝缘工具(如带有绝缘柄的电工钳、木柄斧头以及锄头等)切断电源。

总之,在现场可因地制宜,灵活运用各种方法,快速切断电源。解脱电源时,有两个问题需注意:脱离电源后,人体的肌肉不再受到电流的刺激,会立即放松,病人可自行摔倒,造成新的外伤(如颅底骨折),特别在高空时更是危险。所以脱离电源需有相应的措施配合,避免此类情况发生,加重病情。解脱电源时要注意安全,决不可再误伤他人,将事故扩大。

2.简单诊断:解脱电源后,病人往往处于昏迷状态,情况不明,故应尽快对心跳和呼吸的情况作判断,看看是否处于"假死"状态,因为只有明确的诊断,才能及时正确地进行急救。处于"假死"状态的病人，因全身各组织处于严重缺氧的状态，情况十分危险，故不能用一套完整的常规方法进行系统检查，只能用一些简单有效的方法判断一下，看看是否为"假死"及"假死"的类型，这就达到了简单诊断的目的。

其具体方法如下：将脱离电源后的病人迅速移至比较通风、干燥的地方，使其仰卧，将上衣与裤带放松。观察一下呼吸有否存在，当有呼吸时，我们可看到胸廓和腹部的肌肉随呼吸上下运动。用手放在鼻孔处，呼吸时可感到气体的流动。相反，无上述现象，则往往是呼吸已停止。摸一摸颈部的动脉和腹股沟处的股动脉，有没有搏动，因为当有心跳时，一定有脉搏。颈动脉和股动脉都是大动脉，位置表浅，所以很容易感觉到它们的搏动，因此常常作为是否有心跳的依据。另外，在心前区也可听一听是否有心声，有心声则有心跳。看一看瞳孔是否扩大。瞳孔的作用有点像照相机的光圈，但人的瞳孔是一个由大脑控制自动调节的光圈，当大脑细胞正常时，瞳孔的大小会随着外界光线的变化自行调节，使进入眼内的光线强度适中，便于观看。当处于"假

死"状态时，大脑细胞严重缺氧，处于死亡的边缘，所以整个自动调节系统的中枢失去了作用，瞳孔也就自行扩大，对光线的强弱再也起不到调节作用，所以瞳孔扩大说明了大脑组织细胞严重缺氧，人体也就处于"假死"状态。通过以上简单的检查，我们即可判断病人是否处于"假死"状态。并依据"假死"的分类标准，可知其属于"假死"的类型，我们在抢救时便可有的放矢，对症治疗。

3.处理方法：经过简单诊断后的病人，一般可按下述情况分别处理：病人神志清醒，但感乏力、头昏、心悸、出冷汗，甚至有恶心或呕吐。此类病人应就地安静休息，减轻心脏负担，加快恢复；情况严重时，小心送往医疗部门，请医护人员检查治疗。病人呼吸、心跳尚在，但神志

城市安全手册

昏迷。此时应将病人仰卧,周围的空气要流通,并注意保暖。除了要严密地观察外,还要做好人工呼吸和心脏挤压的准备工作,并立即通知医疗部门或用担架将病人送往医院。在去医院的途中,要注意观察病人是否突然出现"假死"现象,如有假死,应立即抢救。如经检查后,病人处于假死状态,则应立即针对不同类型的"假死"进行对症处理。心跳停止的,则用体外人工心脏挤压法来维持血液循环;如呼吸停止,则用口对口的人工呼吸法来维持气体交换。呼吸、心跳全部停止时,则需同时进行体外心脏挤压法和口对口人工呼吸法,同时向医院告急求救。在抢救过程中,任何时刻抢救工作不能中止,即便在送往医院的途中,也必须继续进行抢救,一定要边救边送,直到心跳、呼吸恢复。

4.口对口人工呼吸法:人工呼吸的目的,是用人工的方法来代替肺的呼吸活动,使气体有节律地进入和排出肺部,供给体内足够的氧气,充分排出二氧化碳,维持正常的通气功能。人工呼吸的方法有很多,目前认为口对口人工呼吸法效果最好。口对口人工呼吸法的操作方法如下:将病人仰卧,解开衣领,松开紧身衣着,放松裤带,以免影响呼吸时胸廓的自然扩张。然后将病人的头偏向一边,张开其嘴,用手指清除口中的假牙、血块和呕吐物,使呼吸道畅通。抢救者在病人的一边,以近其头部的一手紧捏病人的鼻子(避免漏气),并将手掌外缘压住其额部,另一只手托在病人的颈后,将颈部上抬,使其头部充分后仰,以解除舌下坠所致的呼吸道梗阻。急救者先深吸一口气,然后用嘴紧贴病人的嘴或鼻孔大口吹气,同时观察胸部是否隆起,以确定吹气是否有效和适度。吹气停止后,急救者头稍侧转,并立即放松捏紧鼻孔的手,让气体从病人的肺部排出，此时应注意胸部复原的情况，倾听呼气声，观察有无呼吸道梗阻。如此反复进行，每分钟吹气12次，即每5秒吹一次。

注意事项：口对口吹气的压力需掌握好，刚开始时可略大一点，频率稍快一些，经10~20次后可逐步减小压力，维持胸部轻度升起即可。对幼儿吹气时，不能捏紧鼻孔，应让其自然漏气，为了防止压力过高，急救者仅用颊部力量即可。吹气时间宜短，约占一次呼吸周期的三分之一，但也不能过短，否则影响通气效果。如遇到牙关紧闭者，可采用口对鼻吹气，方法与口对口基本相同。此时可将病人嘴唇紧闭，急救者对准鼻孔吹气，吹气时压力应稍大，时间也应稍长，以利气体进入肺内。

5.电灼伤与其他伤的处理：高压触电时（1000伏以上），两电极间电的温度可高达1000—4000℃，接触处可造成十分广泛严重的烧伤，往往深达骨骼，处理较复杂，现场抢救时，要用干净的布或纸类进行包扎，减少污染，有利于今后的治疗。其他的伤如脑震荡、骨折等，应参照外伤急救的情况做相应处理。现场抢救往往时间很长，且不能中断。往往经过较长时间的抢救后，触电病人面色好转，口唇潮红，瞳孔缩小，四肢出现活动，心跳和呼吸恢复正常，这时可暂停数秒钟进行观察，有时触电病人就此复活，如果正常心跳和呼吸仍不能维持，必须继续抢救，决不能贸然放弃，一直坚持到医务人员到现场接替抢救。总之，触电事故要以预防为主，消除发生事故的原因。充分发动群众，宣传安全用电知识，宣传触电现场急救的知识，不仅能防患于未然，万一发生了触电事故，也能进行正确及时的抢救，能够挽救许多人的生命。

城市安全手册

> **触电急救"八字方针"**

根据长期实践,我们在广大农村及城镇工矿中总结抢救触电者的经验,概括起来为四句话八个字,即要做到:迅速、就地、准确、坚持。

"迅速":就是要争分夺秒替触电者脱离电源。脱离电源的方法视具体情况而定,如迅速拉开电源刀闸;用绝缘竹杆挑开断落低压电力线,如遇高压电力线断落,要迅速用电话通知供电局停电,然后才能抢救。

"就地":就是必须在触电现场附近就地进行抢救,切忌长途运载将触电者送往医院或供电局抢救,否则势必耽误了抢救时间,造成抢救无效而死亡。从医学理论来说:人的大脑只能耐受缺氧5～8分钟,小脑为10～15分钟,延脑为20～30分钟。如果超过这个时间抢救,就会使触电者昏迷不醒,大脑缺氧,引起脑水肿等一系列

病症。从临床（临场）上来总结，以触电者心跳及呼吸停止起计算，如果5分钟内能及时抢救，救生率是90%左右；如果在10分钟内及时抢救，救生率是60%左右；如果超过15分钟抢救，救生希望甚微。由此看出，抢救触电者应该就地进行。

"准确"：就是人工呼吸操作法的动作必须准确。如果不准确，要么是救生无望，要么是把触电者的胸骨压断。

"坚持"：就是只要有1%的希望，就要尽100%的努力去抢救，广东最长时间的一例，救了7个小时才把触电者救活。那么，要抢救到什么程度才能罢手呢？一般来说，只要五个体征出现了，就可以宣布抢救无效死亡，这五个体征一是心跳、呼吸完全停止；二是瞳孔放大；三是血管硬化；四是出现尸斑；五是尸僵。如果其中还有1-2个条件尚未出现，还应坚持抢救。如果自己无法确定，待医生到来后鉴定。

幼儿触电的常见原因：日常照明用的电灯开关或灯头损坏，或插座插头破损，宝宝用手去触摸；各种原因造成的电线拉断坠落，宝宝接触断端或绝缘层破损部位，或进入跨步电压区域；工业或农业临时用电，有时未安装保险，或电线接头未缠绝缘胶布，或电闸箱未上锁等原因，宝宝不知其危害靠近电源而触电。

幼儿触电后的急救措施：幼儿触电后要注意有无呼吸及心跳，在送医院或等待急救车到来之前，心跳呼吸停止的一定要及时做人工呼吸及心外按摩；人工呼吸除按抢救溺水者的方式外，还可采用俯卧压背法，即被救人取俯卧位，胸腹贴地，头偏向一侧，两臂伸过头，一臂枕于头下，另一臂向外伸展开，以便使胸廓能扩张。救护者面对患儿，两腿屈膝跪于其大腿两旁，把手平放于患儿的背部肩胛下角，同时俯身向前，慢慢用力向下压缩，用力的方向是向下、稍向前推压，当救护人肩膀与被救人肩膀将成一直线时，不要用力。在向下向前推压的过程中，就将肺内空气压出，形成呼气。停止推压，放松后，由于压力解除，胸廓扩大，外界空气进入肺内，形成吸气。上述动作反复有节律地进行，每分钟15次。儿童胸壁较薄，在背部处施加压力能起较大的作用，所以在幼儿尚有心跳，不需要同时进行胸外心脏挤压时，可用俯卧压背式人工呼吸进行抢救。

城市安全手册

防踩踏常识

拥挤是一种在很短的时间内,因为某种突发的原因,在人员集中的场所内引起的情绪亢奋、行动过激、人群大量聚集的失控现象。当我们遇到拥挤情形时应该保持冷静,沉着应对,谨防因为突发的拥挤致使人身伤害发生。公共场所发生人群拥挤踩踏事件是非常危险的,当身处这样的环境中时,一定要提高安全防范意识。在行进的人群中,如果前面有人摔倒,而后面不知情的人若继续向前进的话,人群中极易出现象"多米诺骨牌"一样连锁倒地的拥挤踩踏现象。为此,专家分析认为,在人多拥挤的地方发生踩踏事故的原因有多种,一般来讲,当人群因恐慌、愤怒、兴奋而情绪激动失去理智时,危险往往容易发生。此时,如果你正好置身在这样的环境中,就非常有可能受到伤害。在一些现实的案例中,许多伤亡者都是在刚刚意识到危险时就被拥挤的人群踩在脚下,因此如何判别危险,怎样离开危险境地,如何在险境中进行自我保护,就显得非常重要。

造成校园拥挤踩踏事故的原因:时间多在放学或集会、就餐之时,学生相对集中,且心情急迫。事故发生地点多在教学楼一、二层之间的楼梯拐弯处。上面几层的学生下到此处相对集中,形成拥挤。学生不易控制自己的情绪,遇事慌乱,常常出现拥挤并大喊大叫的现象,使场面失控。学生不善于自我保护,在拥挤

时或弯腰拾物被挤倒，或被滑倒、绊倒，造成挤压事故。平时缺乏对事故防范知识的学习和训练，无应急措施。有个别学生搞恶作剧，遇有混乱情况时狂呼乱叫，推搡拥挤，以此发泄情绪或恶意取乐，致使惨剧发生。晚上突然停电或楼道灯光昏暗，造成拥挤事故。楼梯较窄，不能满足人员集中行走需要。

防拥挤踩踏常识：上下楼梯要相互礼让，靠右行走，遵守秩序，注意安全。在上操、集合等上下楼活动中，不求快，要求稳。不准在楼梯间打闹、搞恶作剧等。各班主任要经常对学生进行文明礼仪教育，教育学生上下楼梯靠右行，不拥挤，防止踩踏积压等不安全事故的发生。上下楼梯的教师要对学生上下楼梯故意打闹等不良现象给予制止，防止拥挤堵塞现象的发生。上课期间，教学大楼的所有大小门都要打开，一旦发生拥挤踩踏或者火灾等问题，便于及时有效地疏散。楼梯发生踩踏等安全事故时，教师要及时组织疏导，防止事态进一步扩大。一旦发生踩踏等安全事故，在现场的教师要马上报告学校领导。教师有责任教育学生遵守学校规定，特别是上下楼道应该注意安全的问题要经常讲，以引起学生的高度重视。

城市安全手册

• 公共场所发生人群拥挤踩踏事件如何预防

1. 发觉拥挤的人群向着自己行走的方向涌来时，应该马上避到一旁，但是不要奔跑，以免摔倒。

2. 如果到达楼层时有可以暂时躲避的宿舍、水房等空间，可以暂避一时。切记不要逆着人流前进，那样非常容易被推倒在地。

3. 若身不由己陷入人群之中，一定要先稳住双脚。切记远离玻璃窗，以免因玻璃破碎而被扎伤。

4. 遭遇拥挤的人流时，一定不要采用体位前倾或者低重心的姿势，即便鞋子被踩掉，也不要贸然弯腰提鞋或系鞋带。

5. 如有可能，抓住一个坚固牢靠的东西，待人群过去后，迅速而镇静地离开现场。

6. 在拥挤的人群中，要时刻保持警惕，当发现有人情绪不对，或人群开始骚动时，就要做好准备，保护自己和他人。

7. 在拥挤的人群中，千万不能被绊倒，避免自己成为拥挤踩踏事件的诱发因素。

8. 在拥挤的人群中，一定要时时保持警惕，不要总是被好奇心理驱使。当面对惊慌失措的人群时，要保持自己情绪稳定，不要被别人感染，惊慌只会使情况更糟。惊慌可以，万万不可失措。

9. 已被裹挟至人群中时，切记和大多数人的前进方向保持一致，不要试图超过别人，更不能逆行，要听从指挥人员口令。同时发扬团队精神，因为组织纪律性在灾难面前非常重要，专家指出，心理镇静是个人逃生的前提，服从大局是集体逃生的关键。

10. 如果出现拥挤踩踏的现象，应及时联系外援，寻求帮助。赶快拨打 110 或 120 等。

11. 在出现火情、地震等紧急情况时,在场的教师和领导要注意按照应急疏散指示、标志和图示合理正确地疏散学生。

12. 举止文明,人多的时候不拥挤、不起哄、不制造紧张或恐慌气氛。

13. 发现不文明的行为要敢于劝阻和制止。

14. 尽量避免到拥挤的人群中,不得已时,尽量走在人流的边缘。

15. 应顺着人流走,切不可逆着人流前进,否则,很容易被人流推倒。

16. 在人群中走动,遇到台阶或楼梯时,尽量抓住扶手,防止摔倒。

17. 当发现自己前面有人突然摔倒时,要马上停下脚步,同时大声呼喊,告知后面的人不要向前靠近。

18. 若被推倒,要设法靠近墙壁。面向墙壁,身体蜷成球状,双手在颈后紧扣,以保护身体最脆弱的部位。

19. 拥挤踩踏事故发生后,一方面赶快报警,等待救援;另一方面,在医务人员到达现场前,要抓紧时间用科学的方法开展自救和互救。

20. 在救治中,要遵循先救重伤者的原则。判断伤势的依据有:神志不清、呼之不应者伤势较重;脉搏急促而乏力者伤势较重;血压下降、瞳孔放大者伤势较重;有明显外伤,血流不止者伤势较重。

21. 当发现伤者呼吸、心跳停止时,要赶快做人工呼吸,辅之以胸外按压。

城市安全手册

家庭必备五大逃生工具

城市家庭火灾中，居民逃生的五大逃生工具分别为灭火器、逃生绳、消防斧、应急手电、过滤式呼吸面罩。而逃生绳和消防斧是居民应对火灾逃生时的主要逃生工具。

在发生火灾时，为了不让"自救"演变成"盲目自逃"，我们建议大家在家庭中配备一些必要的消防器材。

灭火器：用于扑救初起火灾。

逃生绳：在火灾中能够挽救2楼以上的家庭火灾居民成员的生命，用于受困时辅助逃生，最好每2米打一个结，并配一副厚手套。再高一点可用缓降器。

消防斧：用于破拆，在发生防盗窗堵住生命通道的时候，消防斧可以发挥关键作用，破窗而出。

应急手电：用于照明及求救。

过滤式呼吸面罩：用于保护呼吸，以免被有毒气体侵害。

版权所有　侵权必究

图书在版编目（CIP）数据

城市安全手册／杨莹编著．—长春：北方妇女儿童出版社，2015.12（2021.3重印）

（科学奥妙无穷）

ISBN 978－7－5385－9625－0

Ⅰ．①城… Ⅱ．①杨… Ⅲ．①城市－自然灾害－灾害防治－青少年读物 Ⅳ．①X43－49

中国版本图书馆CIP数据核字（2015）第272893号

城市安全手册
CHENGSHI ANQUAN SHOUCE

出 版 人	刘　刚
责任编辑	王天明　鲁　娜
开　　本	700mm×1000mm　1/16
印　　张	8
字　　数	160千字
版　　次	2016年4月第1版
印　　次	2021年3月第3次印刷
印　　刷	汇昌印刷（天津）有限公司
出　　版	北方妇女儿童出版社
发　　行	北方妇女儿童出版社
地　　址	长春市人民大街5788号
电　　话	总编办：0431－81629600

定　价：29.80元